WESTEND

MARIE-LUISE WOLFF

2,8 GRAD

Endspiel für die Menschheit

WESTEND

Mehr über unsere Autoren und Bücher:
www.westendverlag.de
Die Deutsche Nationalbibliothek verzeichnet diese Publikation in der Deutschen Nationalbibliografie; detaillierte bibliografische Daten sind im Internet über http://dnb.d-nb.de abrufbar.

ISBN 978-3-86489-362-9

Satz: Publikations Atelier, Weiterstadt
Druck und Bindung: Friedrich Pustet GmbH & Co. KG, Regensburg
Printed in Germany

Inhalt

»Angst ist für das Überleben unverzichtbar.«

Hannah Arendt

»Der Klimawandel steht für das größte und weitreichendste Marktversagen, das die Welt jemals gesehen hat.«

Nicholas Stern

I. Vorab

Bis zum Beginn der trockensten Jahre, die das Land je erlebt hatte, lag ein Teil der Identität Deutschlands im Bau und Betrieb gut organisierter Großkraftwerke. Als die trockenen Jahre am Ende der 2010er Jahre begannen, wurden sie zunächst begrüßt: endlich mehr Sonnenschein. Extreme Hitze ist jedoch das tödlichste aller Wetterphänomene, vor allem, wenn es keine Unterbrechung mehr von ihr in der Nacht gibt.

Fast genau 30 Jahre vor dieser Zeit der großen Dürren, es war im August 1995, kurz bevor ich meinen neuen Job antrat, begab ich mich zusammen mit einem Freund auf eine Bildungsreise nach Schleswig-Holstein. Mein Freund war Journalist und wir fuhren in die Nähe der Küste, um uns dort den ersten in Deutschland gebauten Pilot-Windpark anzuschauen. Die Nabenhöhe der 32 Anlagen lag bei 20 Metern, was mir damals hoch vorkam, als ich einen der Türme hinaufstieg und von der Höhe der Gondel auf die abgeernteten Felder der Umgebung blickte. Die bereits acht Jahre alten Rotoren drehten sich schnell. Der Park nannte sich jedoch immer noch »Pilot-Windpark«, auch weil die verschiedensten Hersteller hier ihre Turbinen ausprobierten. Wir erfuhren, dass ein paar einzelne, deutlich höher gebaute Versuchsanlagen auf dem Nachbargelände wieder abgebaut worden waren, nachdem die Techniker die Getriebeprobleme nicht in den Griff bekommen hatten. Unser bescheidener gebautes Besichtigungsobjekt lief jedoch.

Als blutige Anfängerin im Energiegeschäft nahm ich mit Begeisterung wahr, was in diesen Jahren geschah. Die erste größere Welle an Wind- und Solarparks wurde gebaut. Die Möglichkeit, Strom künftig ganz ohne Brennstoffe und ohne atomaren Abfall herzustellen, war als Wunder anzusehen, dachte ich. Oder als Lächerlichkeit. Schon bald nahm ich zur Kenntnis, dass meine eigene Firma, ein riesiger deutscher Stromerzeuger, an derartigen Projekten nicht nur kein Interesse zeigte, sondern sie mit Spott belegte.

Einen Kollegen im Finanzressort, seinerzeit war er einer der mächtigsten Männer der Firma, fragte ich, warum wir uns nicht selbst mit der Entwicklung von Windenergie beschäftigten und dementsprechend investierten. »Sie wollen unser Leben also wieder von den Launen der Natur abhängig machen!«, antwortete er mir. (Wir siezten uns damals noch alle.) Sein Ton verriet ein äußerstes Maß an Geringschätzung und auch Wut. Ich merkte sofort, dass ich in ein Wespennest gestochen hatte. Doch konnte ich die Sache nicht auf sich beruhen lassen. In vielen anderen Gesprächen stieß ich auf ähnliche Argumente. »Wir werden mit Sonne und Wind niemals eine moderne Gesellschaft versorgen können«, hieß es. Oder auch: »Sie werden erst alle deutschen Industriebetriebe schließen müssen und auch dann wird dieser Kinderkram niemals ausreichen, um eine ausgewachsene Fabrik mit Energie zu versorgen.« Schließlich gab es noch das Argument, dass sich ein Großkonzern wie der unsrige mit solchem »Unsinn«, oder auch »Pipifax«, niemals abgeben würde.

Am tiefsten im Gedächtnis haften geblieben ist mir der Satz, man würde sich mit der Windkraft ohne Not wieder von den Launen der Natur abhängig machen. Es hatte Fassungslosigkeit in dieser Äußerung gelegen und diese bezog sich vor allem auf die Tatsache, dass ich als neue Mitarbeiterin des Konzerns das Problem der globalen Erwärmung – wir nannten es damals noch »Luftverschmutzung« – ernst nahm. Der Satz des Finanzmannes hatte wie ein aufgebrachtes »Wie kann man nur so blauäugig sein?« geklungen und ich fühlte mich einige Tage wie ohnmächtig. Ich antwortete ihm damals nicht, sein scharfes Urteil zeigte jedoch Wirkung, auch bei mir. Plötzlich zweifelte ich selbst daran, ob es sich bei den neuen Windprojekten überhaupt um ernsthafte Unternehmungen handelte. Die Leute in Schleswig-Holstein hatten sich ganz anders angehört als meine Kollegen in der Firma. War ich ein paar unerfahrenen Spinnern auf den Leim gegangen?

Weitere Kollegen, mit denen ich sprach, reagierten sauer, auch leicht aggressiv, wenn ich sie auf Windenergie ansprach. Erst langsam dämmerte mir, dass mir bei diesen Gesprächen die aufgestaute Wut und Enttäuschung über ein unter Umständen bald versiegendes, faszinierendes Geschäftsmodell entgegengeschlagen war: Mit meinem Plädoyer für die Windräder zerstörte ich die Lebensleistungen vieler Kraftwerksingenieure, denen seit Langem die allerhöchste Achtung in der Firmenhierarchie entgegengebracht wurde. Jahrzehntelang hatten sie ihren Ehrgeiz darangesetzt, möglichst viele Großkraftwerke mit möglichst großen Brennkammern zu bauen. Mit immer riesigeren Kraftwerken wurde Deutschland Exportweltmeister. Schulklassen wurden in die Kraftwerke geführt, bis an die großen Feuer der Brennkammern heran, die die Kinder begeisterten. Wieso kam ich überhaupt auf die Idee, sie zu ersetzen? Wer hatte mich wohl dazu gebracht?

Übergänge von einer Großtechnologie zur nächsten sind sehr schwer. Die Einführung des Automobils hat mehr als 60 Jahre gedauert. Als Geburtsjahr des Personenkraftwagens gilt das Jahr 1886. Carl Benz brachte in diesem Jahr den Patent-Motorwagen Nummer 1 auf den Markt. 35 Jahre später, im Jahre 1921, verfügte die Stadt Berlin, bei knapp vier Millionen Einwohnern, über gerade einmal 61 000 gemeldete Pkw; erst in den 50er Jahren und einen Weltkrieg später, also mehr als 60 Jahre nach der Erfindung, setzte sich das Auto auf breiter Front durch. Meist sind sogenannte »Pfadabhängigkeiten« schuld daran, dass es bei großen Technologiewechseln so lange dauert. Pfadabhängigkeiten sind Verfestigungen des Verhaltens, die tiefe Auswirkungen haben. Beispielsweise hat das Automobil die Siedlungsstruktur weltweit vollständig verändert. Parallel haben Großkraftwerke die Ansiedlung von Industrieunternehmen bestimmt.

Zum Zorn der Ingenieure gesellte sich damals noch der Hohn der Netzkollegen. Unsere Stromnetze seien nicht für viele lächerlich kleine Erzeugungseinheiten gebaut, hieß es. Es würde zu großen Ausfällen kommen. Das gesamte Netz müsse umgebaut werden, niemals würde ein Netz mit so vielen winzigen Einspeisemengen überhaupt funktionieren. Heute wissen wir, dass es geht. An guten Wind- und Sonnentagen werden in Deutschland zwischen 70 und 80 Prozent Strom von über zwei Millionen Anlagen aus Wind und Sonne erzeugt, ein Erfolg im Kampf gegen die globale Erwärmung. Der anstrengendere Teil des Weges liegt trotzdem noch vor uns.

Meist mischt die Angst vor Wohlstandsverlusten dabei mit, wenn selbst verhältnismäßig leicht zu vollziehende Übergänge nicht angegangen werden. Lange hieß es, der Strom aus Wind und Sonne würde viel teurer sein als der aus fossil betriebenen Großanlagen. Heute wissen wir, dass dies nicht so ist. Ein wesentlicher Grund dafür, warum es mit der Umstellung auf erneuerbare Energieproduktion so lange gedauert hat, ist jedoch das alte Argument der »Auslieferung an die Natur«. Es geistert weiterhin in den Köpfen vieler Menschen herum und hemmt die Bemühungen der Transformation. »Und was machen wir, wenn keine Sonne scheint und der Wind nicht weht?« Diese Frage ist ein weitverbreiteter Kernsatz aller Skeptiker in Sachen Energiewende. Der Satz gehört zu den Paradebeispielen der Argumentationstechnik des »Whataboutismus«, also der Ablenkung durch eine aus der Luft gegriffene Frage, deren Beantwortung längere Ausführungen verlangt. Hinter dieser Killerfrage schwebt auch die alte These meines Vorgesetzten: »Wir wollen doch wohl nie mehr von der Natur abhängig sein.« Immer, wenn diese Frage kommt, denke ich an ihn. Welch schrecklich anthropozentrisches, die Technik verherrlichendes Weltbild hatte hinter dieser Äußerung gesteckt? Welche Missachtung der Tatsache, dass wir alle jeden Tag gegen das Überleben der Menschheit agieren und es dem Planeten egal ist, ob es uns gibt.

Unabhängigkeit von der Natur ist natürlich niemals erreichbar – wir sind schließlich als Menschen Teil der Natur. Kein Erdbewohner war je unabhängig von der Natur und kein Mensch wird es je sein. Gerade der Einsatz fossiler Brennstoffe in Kraftwerken, aber auch in Fahrzeugen, Schiffen, Heizungen und Düsenjets, ist schon seit dem ersten Einsatz einer Dampfmaschine auf die Rechnung der Natur gegangen. Legt man den Maßstab des Planeten an, so ist die Menschheit durch ihre massiven Verbrennungsvorgänge in den letzten 70 Jahren zum größten Übeltäter gegen die Erdgesundheit geworden – und damit gegen sich selbst.

Als Mensch unabhängig von der Natur sein zu wollen war schon immer ein großes Missverständnis. In allem, was Menschen auf diesem Planeten tun, stehen sie in Abhängigkeit von der Natur. Selbst im Aufrechterhalten ihrer Körpertemperatur, im Atmen oder im Laufen. Ein striktes Maßhalten im Verbrauch von Energie wäre die richtige Gegenbewegung, damit nächste und übernächste Generationen noch atmen können. Maßhalten für alle, wohlgemerkt, nicht nur für diejenigen, die weniger Geld haben – darauf wird noch einzugehen sein. Vom Standpunkt der sogenannten »Postmoderne« aus gesehen, also aus einer Phase des ausgeprägten individualistischen Konsums kommend, ist Maßhalten eine der schwersten menschlichen Übungen. Es muss erst wieder neu erlernt werden. Alle Übergänge sind schwer, doch der Übergang zum Maßhalten ist jetzt der schwerste. Bereits eine kalte Dusche stellt heute für viele eine Heldentat dar, auch für mich.

Die ersten humanen Gesellschaften, die vor etwa 300 000 Jahren begannen, den Erdball zu bewohnen, lebten in der Anfangszeit noch mit einem gewissen Respekt vor den sogenannten »Naturgewalten«. Inzwischen sind diese dem Menschen kein Begriff mehr. Wenn sich eine Naturkatastrophe ereignet, sind technische Hilfswerke dafür zuständig. Danach sind die Katastrophen schnell wieder vergessen. Diese Vergesslichkeit könnte ein Zeichen dafür sein, dass die auf dem Planeten Erde Ansässigen die Beziehung zu ihrem Hauswirt längst verloren haben. Anwandlungen von Nonchalance, von Ignoranz und Dominanz herrschen vor. Bodenschätze, also abgestorbene vorzeitliche Wälder, werden aus immer tieferen Schichten der Erdkruste extrahiert, unzählbare Hohlräume dort hinterlassen, Wasser verunreinigt, unbeherrschbare Massen von Müll produziert, Emissionen ohnegleichen in die Luft gejagt. Das Motto dabei: alles herausholen, was geht. Schließlich müssen acht Milliarden Menschen behaust, ernährt und bespaßt werden. Und jeder weiß, in knapp dreißig Jahren werden es laut den Vereinten Nationen (United Nations, UN) zwischen neun und zehn Milliarden Menschen sein.

Doch unser Planet – der Hauswirt der Menschheit – entscheidet, ob wir zukünftig noch Gastrecht bei ihm bekommen. Als Gäste des Planeten bemerken wir seit einiger Zeit, dass etwas in unserer Beziehung zu ihm nicht mehr stimmt. Die Naturkatastrophen nehmen zu, nicht alle bekommen wir unter Kontrolle. Aber wir leiden unter Planeten-Legasthenie, wir sind nicht mehr in der Lage, unseren Hauswirt zu verstehen. Genauer gesagt sind es die automatisch ablaufenden physikalischen Prozesse in seinen verschiedenen Sphären, die wir nicht mehr verstehen, deren Veränderung wir aber selbst verursacht haben. Es wird doch schon so lange über »Nachhaltigkeit« gesprochen, wir reden doch schon längst über nichts anderes mehr, denken Sie jetzt. Ja, das stimmt. Aber wir handeln bisher nicht danach. Und auch Nachhaltigkeit ist schon immer auf den Menschen bezogen gewesen, nie auf den Planeten. Nachhaltigkeit sollte jederzeit dem Menschen nutzen und dafür sorgen, dass die Menschheit weiterhin dasselbe oder immer noch mehr aus der Erde herausholen konnte.

Unsere Perspektive auf die Natur war im Grunde bei den meisten Menschen, auch bei mir, lange die meines alten Vorgesetzten. Wir wollten keine Einschränkung, wir wollten möglichst viel von unserem Planeten haben und wir wollten möglichst wenig von ihm wissen. Und so ist es im Grunde weiterhin. Wir wollen weiter auf dem Oberdeck tanzen, während Temperatur und Wasser um uns herum gefährlich zu steigen begonnen haben. Wir nehmen jeden Tag dasselbe Frühstück ein, die Online-Nachrichten verkünden täglich neue Geschichten und Skandale, mit denen wir uns ein paar Minuten lang beschäftigen, über unser Netflix-Abo gibt es immer neue gute Serien im Angebot und wir werden bei der nächsten Wahl vielleicht noch einmal oder doch nicht mehr die Grünen wählen.

Ich glaube daran, dass Menschen ihre Gewohnheiten ändern können. Vielleicht ist das optimistisch, aber ich bin der Überzeugung, dass eine Halbierung unserer Emissionen rasch erreichbar ist und die katastrophalen Auswirkungen einer weiteren globalen Erwärmung zumindest abmildern würde. Bisher ist uns das jedoch nicht ansatzweise gelungen. Wir bekämpfen den sogenannten »Klimawandel« bisher nicht, wir finanzieren ihn durch steigende Subventionen für den Verbrauch fossiler Brennstoffe sogar stärker als je zuvor. Die Folgen zeigen sich besonders deutlich an der Zahl von +2,8 Grad globaler Erwärmung, die den neuesten Erkenntnissen des Weltklimarats zufolge bis zum Ende des Jahrhunderts mindestens erreicht wird, sollten die Staaten ihre Anstrengungen gegen die globale Erwärmung nicht massiv intensivieren. Die jetzt prognostizierte Erhitzung des Planeten entspricht ungefähr der doppelten Gradzahl der Vereinbarung von Paris (+1,5 Grad Celsius) aus 2015. Das konkrete Risiko liegt in einer substanziellen Gefährdung von Milliarden von Menschenleben durch drastische (Um-)Weltschäden innerhalb weniger Jahrzehnte. Auch Wirtschaftsunternehmen werden von diesen Schäden nicht unberührt bleiben.

Dieses Buch ist ein kämpferisches Plädoyer dafür, an die Grenzen unserer Möglichkeiten zu gehen. Ich halte die Dekarbonisierung westlicher Gesellschaften nicht für einen Mythos, wie es mittlerweile größere Teile meiner Generation tun, sondern für erreichbar. Man sollte Urteile aufgrund persönlicher Marktforschung meiden, aber es drängt mich, meine Beobachtung hier zu teilen: Die Zyniker gewinnen langsam die Oberhand und das ist kein guter Befund. Mir liegt eine pessimistische Einstellung weiterhin fern, vielleicht, weil ich seit 30 Jahren im Maschinenraum von Unternehmen arbeite, die sich um sogenannte »Daseinsvorsorge« kümmern. Das heißt, wir müssen Strom liefern, egal woraus er gemacht wird. Meine Zuversicht ist also ernst gemeint, trotz einer unbarmherzigen Analyse der Situation, die ich im Folgenden darlege.

Wie lange wir noch Zeit haben, unsere Lebensweise deutlich zu verändern, was wir dafür genau tun müssen und welche Dinge wahrscheinlich passieren werden, wenn wir zu spät damit fertig werden, sind die zentralen Fragen dieses Essays. Es enthält drei Teile: Den ersten Teil bildet diese Einstimmung. Der zweite Teil beschäftigt sich mit dem ganz konkreten, gegenwärtigen Stand der Klimakrise und dem, was Wissenschaftler bisher über die Auswirkungen der globalen Erwärmung herausgefunden haben. Im letzten Teil betrachte ich, welche Dinge bisher falsch eingeschätzt wurden und was stattdessen zur Überlebenskunst auf der Erde beitragen könnte.

II. Zur Bewohnbarkeit der Erde

Fossile

Die Stratigraphie ist als Schichtenkunde ein wesentlicher Zweig der historischen Geologie. Stratigraphen beschäftigen sich damit, die Entstehung der Erde zu rekonstruieren. Einige Geologen sinnieren inzwischen darüber, welche Funde künftige Stratigraphen auf der Suche nach unserem untergegangenen Planeten noch in Händen halten werden. Unter vielen zweifelhaften und wenig ergiebigen Funden würden die Reste der urbanen Zentren eine Besonderheit darstellen. Der britische Geologe Jan Zalasiewicz bezeichnet sie als »enorm dichte tektonische Platten vergangener Humanität«. Unsere Städte könnten einmal eine besonders gute Quelle für stratigraphische Studien sein, meint Zalasiewicz.

Aber nur dann, wenn die Städte sehr schnell untergehen. Sollten Meeresspiegel etwas gemächlicher ansteigen, würden Gebäude und Infrastruktur mit der Wucht der Orkane und Sturmfluten in eine geröllartige Bedeutungslosigkeit zerkrümeln. Bei rasch steigenden Meeresspiegeln jedoch, mit denen bei galoppierenden Kipppunkten aufgrund schmelzender Polkappen eher zu rechnen sei, würden die Küstenstädte in rasender Geschwindigkeit in den rapide steigenden Ozeanmassen verschwinden, und zwar ohne dass tumulthafte Wellen oder Strömungen darauf noch Einfluss nähmen. Dort würden unsere versunkenen Städte dann beginnen, von Sand, Lehm und Morast überzogen zu werden, um damit die ersten Schritte in Richtung geologischer Funde zu vollziehen. Der Prozess der Fossilierung hätte begonnen.

Stratigraphen und Erdkundler lesen die Geschichte der Welt von den Ablagerungen her, die sich im Laufe der Erdgeschichte auf der Kruste des Planeten gebildet haben. Den Geologen und ihren Gedanken zu folgen, zu verstehen, wie sie über die Spuren der Jetzt-Welt nachdenken, führt genau dorthin, wo unsere Schwierigkeiten liegen. Als Erforscher von Staubkörnern bringen Geologen Veränderungen ans Tageslicht, die wir normalen Menschen nicht sehen und die eindringlicher nicht sein könnten. Ihre Entdeckungen geben mehr zu denken als viele vergebliche Diskussionen über Nachhaltigkeit in einer Welt der Ökonomie. Stratigraphen finden heraus, was sich im Nachhinein aus unseren menschlichen Verhaltensweisen auf der Erde abgelegt hat. Der Staub, den sie untersuchen, hat prognostische Qualität; er kann uns sagen, wer mit welchen Temperaturen auf der Erde umgehen konnte und daher eine Zeit lang überlebt hat und wer nicht. Die Überlegenheit der geologischen Forschung liegt in ihrer kühlen Distanz zur Gegenwart, ihrer Liebe zum Planeten Erde und der Abwesenheit von Wishful-Thinking.

Erdzeiten

Seit dem Jahr 2000, also seit mehr als 20 Jahren, sprechen Geologen und Meteorologen vom »Anthropozän«. Sie tun dies im Vorgriff auf ein Zeitalter, welches der Jetztzeit einmal zugeschrieben werden könnte. Die Epoche des Anthropozäns gilt demnach als die erste Phase der bisher 4,5 Milliarden Jahre währenden Erdzeit, in der hauptsächlich der Mensch die Entwicklung des Planeten prägte. Dabei leben Menschen wahrscheinlich überhaupt erst 300 000 Jahre auf der Erde, ein Wimpernschlag im Horizont von 4,5 Milliarden Jahren Erdgeschichte. Und erst im Anthropozän, das heißt seit etwa 70 Jahren, haben Menschen die bestimmende Bedeutung darüber erlangt, wie das Leben auf dem Planeten Erde weitergehen wird. Zum ersten Mal verwendete der 2021 verstorbene niederländische Atmosphärenchemiker Paul Crutzen den Begriff »Anthropozän«. Er tat dies unwirsch auf einer Konferenz im Jahre 2000, als ein Kollege immer noch vom Zeitalter des Holozäns sprach. »Hören Sie auf, vom Holozän zu sprechen, wir leben doch schon längst im Anthropozän«, sagte Crutzen. Der neue Begriff war von ihm mahnend und in Sorge formuliert, mit dem tiefen Einblick eines Naturwissenschaftlers in die massiven Veränderungen der Atmosphäre.

Crutzen hatte den Begriff in dieser Minute erfunden. Er stotterte ein bisschen, als er ihn aussprach. Mit Absicht hatte er ihn mit einer strengen moralischen Note versehen, denn er wusste bereits: Die größten Effekte, die bis heute im Anthropozän sichtbar werden, sind ein exklusiv durch menschliche Handlungen ausgelöstes globales Artensterben, die globale Vermüllung aller fünf Erdsphären (Atmosphäre, Litosphäre/Erdkruste, Biosphäre, Hydrosphäre, Kryosphäre/Eisflächen) sowie eine für den Menschen gefährliche Erhitzung der Atmosphäre, die die Meeresspiegel menschheitsbedrohend steigen lässt und bisher nicht ansatzweise unter Kontrolle gebracht worden ist.

Unabhängig davon, wie Nachfahren das Zeitalter, in dem wir heute leben, einmal nennen werden, gibt es inzwischen einen breiten wissenschaftlichen Konsens darüber, dass der Mensch die Hauptursache des gegenwärtigen Klimawandels ist. Acht Jahre nach Crutzens Äußerung stellte sich im Jahre 2008 auch die Geologische Gesellschaft in London als älteste geowissenschaftliche Vereinigung der Welt offiziell hinter Crutzens These: Das nacheiszeitliche Holozän mit seinen stabilen Klimaverhältnissen sei an ein Ende gelangt, die Erde sei in einen geologischen Zeitabschnitt eingetreten, für den es »in den letzten Millionen Jahren keine Entsprechung« gäbe, fassten die Londoner Stratigraphen ihr Plädoyer zusammen. Die Gesellschaft wies auf vollkommen neue Arten von

Ablagerungen hin, die von einer starken Überformung und Veränderung der Erdkruste und ihrer Landschaften, der Übersäuerung der Meere sowie der fortdauernden Vernichtung von Biota (alle Lebewesen und Pflanzen) geprägt waren. Den Beginn dieser Epoche – Crutzens »Anthropozän« – legten die Geologen auf das Jahr 1950 fest.

Erdgeschichtlich gesehen umfasst die prägende Phase des Anthropozäns bisher nur eine äußerst kurze Zeitspanne. Es sind nicht mehr als die letzten 70 bis 80 Jahre der Geschichte des Planeten, in der sich die Kulisse menschlichen Handelns massiv verändert hat. Die in dieser Phase erstmals auftretenden abrupten Steigerungen der Treibhausgasemissionen beeinflussen nicht nur die zukünftigen Temperaturen des Globus, sondern das gesamte System der Erdsphären – und dies für Jahrtausende, die folgen werden. Es handelt sich also beim Treibhausgas-Effekt nicht nur um ein paar Hitzegrade mehr für ein paar Flecken Erde auf der Südhalbkugel, wie oft angenommen. Der Planet ist als Ganzes, mit allen seinen miteinander interagierenden physikalischen, chemischen und biologischen Prozessen davon betroffen. Wenn man sich einmal klargemacht hat, was diese Veränderungen bedeuten, dann verblassen alle Erwartungen an eine technologieoffene Zukunft, in der sich Menschen in aller Seelenruhe und mit einem durch und durch westlichen Blick, der blind ist für die Opfer auf der anderen Seite des Globus, einmal überlegen können, was sie an ihrem Verhalten zu ändern gedenken.

Vor allem in drei Erdsphären macht sich bemerkbar, was verkürzt »die Klimaerwärmung« genannt wird. Die Atmosphäre, also die Lufthülle, die die Erde umgibt, verändert sich durch Gas- und Partikelbelastung sowie eine massive Erwärmung bis in Temperaturzonen, die für menschliche Organismen lebenskritisch sind. Dazu der Ozean als Teil der Hydrosphäre, der große Teile des CO_2-Überflusses der Menschen auffängt, sich dabei aber ebenfalls deutlich erwärmt, mehr und mehr versauert und seine Auffangfähigkeit verliert. Und schließlich die Kryosphäre, das heißt alle Formen von Eis auf der Erde, die begonnen haben, sich aufzulösen und deren komplettes Schmelzen zu einem rapide ansteigenden Meeresspiegel mit extremen Auswirkungen auf die Bewohnbarkeit der Erde führen würde.

Alle drei Sphären arbeiten als eng verflochtenes System zusammen und beeinflussen die fundamentalen Voraussetzungen für die Bewohnbarkeit der Erde. Die Orange, die Möhre, die Avocado, die man isst, können in Wirklichkeit nicht von den Bewegungen der Gesteine und ihrer Verwitterung, der Erde, der Eis- und Wasserflächen, der Luft, der Niederschläge, der Strömungen und Winde getrennt werden, die sich über Jahrmillionen ergeben haben.

Was sich atmosphärisch seit 70 Jahren alles verändert hat, fällt im täglichen Leben gar nicht auf. Das Anthropozän hat jedoch wahrscheinlich bereits die Meeresströmungen und den glazialen-interglazialen Zyklus, also den Rhythmus der Warm- und Eiszeiten der Erde, beeinflusst. Durch die hohe Gefährdung der polaren Eisschilde, die bisher beide zusammen das Äquivalent von einem über 100 Meter hohen globalen Meeresspiegel speichern, ist der anthropogene Wärmehaushalt der Erde unsicher geworden. Die schon längst in Gang gesetzten Gletscherschmelzen bedrohen bereits heute die Süßwasser-Ressourcen des Globus und erzwingen alsbald Änderungen im Trinkwasserhaushalt. Als sicher gilt, dass durch das bereits weit fortgeschrittene irreversible Massen-Artensterben Millionen Jahre alte Pfade der Evolution verändert werden. Aufgrund der weiterhin massiven Treibhausgasemissionen in die Atmosphäre bewegen sich die gekoppelten Systeme der Erde auf einen ganz neuen Stoffwechsel zu, der weitgehend unbekannte Auswirkungen auf die Bewohnbarkeit des Planeten mit sich bringt.

Über diese Feststellungen der Naturwissenschaftler wird inzwischen nicht mehr ernsthaft gestritten. Dass Gegenstimmen wissenschaftlich weder als fundiert noch als anerkannt gesehen werden, kann als Fortschritt gewertet werden. Tatsächlich ist die Sache aber bereits seit Ende der 1980er Jahre klar, als James Hansen, Direktor des Instituts für »Space Studies« der NASA, einige Journalisten mit dem Satz anblaffte: »Es ist Zeit, mit dem Geschwafel aufzuhören ... und zu sagen, dass es den Treibhauseffekt gibt und er unser Klima in Mitleidenschaft zieht.« Dies geschah 1988. Es wurde in der Folge viel Zeit damit vertan, Zweifel an den Erkenntnissen der Wissenschaftler zu säen. Spätestens seit 1988 durfte man es jedoch als unbestreitbar betrachten, dass wir uns in einem Zeitalter befinden, in dem die Menschheit das Erdklima stärker bestimmt als jeder andere Effekt des Universums. Doch lange geschah nichts, was das Klimaphänomen des Anthropozäns einhegte. Hansens Bemerkung ist jetzt mehr als 35 Jahre alt. Seit mehr als drei Jahrzehnten steht die Frage im Raum, ob wir Menschen unser Schicksal, was die Bewohnbarkeit unseres Hausplaneten anbetrifft, noch selbst bestimmen können.

Versprochen

In welchem Stadium des Vor-Untergangs befinden wir uns? Haben wir immer noch die Chance, den Planeten zu retten? Diese Frage schiebt sich seit Beginn des Ukraine-Krieges noch vehementer an die Stelle früherer Ungewissheiten über das Gelingen einer europäischen Energiewende und die weltweite Begrenzung der Erderwärmung. Studie um Studie kam im Laufe des Jahres 2022 zu dem Ergebnis, dass die Welt die für die Erreichung der 1,5-Grad-Marke notwendige CO_2-Senkung nicht mehr erzielen wird; einer Erwärmungsgrenze, deren Einhaltung im Jahre 2015 von der Weltgemeinschaft mit dem Klimaschutzabkommen von Paris als »unverrückbar« festgelegt worden war. Die klaren und im Ergebnis tristen Studienergebnisse der Zielverfehlung wurden zu Beginn des Jahres 2023 auch für die deutschen Klimaziele bestätigt. Damit ist, trotz aller Bemühungen, höchstwahrscheinlich schon jetzt eine weitere Regierung an einer der wichtigsten Aufgaben aus allen Koalitionsverträgen seit 2015 gescheitert: dem Ziel, das Land auf den 1,5-Grad-Pfad zurückzubringen.

Es spricht einiges dafür, dass auch das von deutschen Gerichten festgestellte Ziel, Treibhausgase bis zum Jahr 2045 auf netto-null zu reduzieren, nicht mehr erreichbar ist. Selbst Klimaexperten wollen das noch nicht aussprechen, die Wirkung dürfte äußerst frustrierend sein. Einerseits ist es so, dass niemand diese Frage fallabschließend beantworten kann, bevor wir zeitlich in die 40er Jahre des 21. Jahrhunderts einmünden, andererseits werden wir nicht mehr lange abwarten können, ehe wir als globale Gesellschaft in eine Art forcierten Krisenmodus umschalten müssen. Einige Politiker werten die Aufgabe der 1,5-Grad-Marke als weniger wichtig, es handele sich um eine willkürlich festgelegte Zahl, einen eher symbolischen Wert, sagen sie. Sollten es 1,6 oder 1,8 Grad werden, sei dies kein Drama. Klimawissenschaftler betonen dagegen, dass jedes Zehntel der Überschreitung spürbare Folgen haben wird. Die Menschheit werde die harten Grenzen ihrer Anpassungsfähigkeit bald wahrnehmen müssen. Beispielsweise seien, laut dem Potsdam-Institut für Klimafolgenforschung (PIK), 40 Prozent der Küstenbewohner*innen des Planeten durch eine globale Erwärmung jenseits der Pariser Grenzwerte bedroht.

40 Prozent der Bewohner*innen entlang von Küsten entsprechen in absoluten Werten einer Zahl von rund 300 Millionen Menschen, denn Küstenbereiche gehören zu den am dichtesten besiedelten Gebieten der Erde. Oft sind sie in doppelter Weise bedroht, weil neben dem Anstieg des Meeresspiegels auch noch eine starke Bodenabsenkung die Regionen gefährdet, die vor allem durch zu starke Grundwasserentnahmen für Industrieanlagen und den Bau neuer Wohngebiete verursacht wird. Anzuraten ist, die Zahlen und Fakten der Klimaforscher ernst zu nehmen, die seit Jahren davor warnen, dass der sogenannte »Klimawandel« für mehrere Milliar-

den Menschen vulnerabel sein wird, wobei sich bereits heute weite Teile der Subsahara auf die Unbewohnbarkeit zubewegen.

Seit 35 Jahren, seit wir von der Erderwärmung Kenntnis haben, mangelte es nie an Modellrechnungen, Simulationen und weitreichenden Zielsetzungen. An einem konkreten Maßnahmenpaket, das stark genug und vor allem sozial gerecht genug gewesen wäre, die Umsetzung abzusichern, mangelte es jedoch durchgängig. Man kann sich fragen, warum die Menschheit so lasch mit einer so gewaltigen Gefahr umging. Warum war die Erwärmung nicht ansatzweise unter Kontrolle gebracht worden, obwohl der Weg zur Rettung jedes Jahr neu und jahresscharf durchgerechnet auf einem weißen Blatt Papier vor uns lag? Auch in Deutschland, das sich unter den Top-6-Klima-Verschmutzern der Erde befindet, konnten wir Jahr für Jahr die Vergeblichkeit unserer Bemühungen studieren. Der weltweite CO_2-Ausstoß stieg und stieg, der deutsche CO_2-Ausstoß sank zwar leicht, aber die Senkung blieb meist zu gering. Immer gab es dafür Entschuldigungen – zu lange Prozesse, NIMBY (»Not in my Backyard«), es lohnte sich finanziell nicht, sowieso war es so oder so nicht möglich, die Kohlekraftwerke wurden doch noch gebraucht, der Wohlstand war in Gefahr, die Wirtschaft durfte nicht leiden. Und am Ende aller Diskussionen gab es immer noch das Argument, es würde uns unsere Demokratie kosten, stärker wirkende Maßnahmen zu verhängen.

Die Zweifel mehren sich, ob moderne Gesellschaften überhaupt noch in der Lage sind, sich in Richtung einer klimaschonenden Lebensweise anzupassen. Laut Report des Weltklimarates steuert der Planet momentan auf eine Erwärmung von mindestens 2,8 Grad Celsius bis zum Ende des Jahrhunderts zu. 2,8 Grad sind fast das Doppelte der gesetzten Zielmarke von 1,5 Grad Celsius. Und das ist nur die Mindestmarke, auf die wir zusteuern. Es könnten auch drei oder vier Grad werden, wenn sich unsere Maßnahmenpläne wieder einmal verzögern. Bei pünktlicher Umsetzung aller geplanten Maßnahmen ließe sich die Erwärmung bestenfalls noch auf

2,4 bis 2,6 Grad Celsius zurückdrängen, sagen die Klimaforscher. Bisher haben wir unsere Minderungspläne jedoch nie eingehalten. Die Zeit, an einer globalen Erwärmung von +2,8 Grad Celsius in Relation zur Erdtemperatur des 19. Jahrhunderts noch etwas zu ändern, sei zu knapp, sagt der IPCC (International Panel on Climate Change), die UN-Organisation zur Einschätzung der globalen Klimarisiken, eher geläufig unter dem Namen »Weltklimarat«. Es sei hoffentlich noch ausreichend Zeit, einige technische CO_2-Reduktionsmaßnahmen vorzunehmen, die die entstehenden Schäden eventuell verringern könnten.

Doch worauf soll sich die Menschheit vorbereiten? Was allein wird mit den Massen von Fahrzeugen passieren, die täglich unsere Straßen kreuzen, was mit den Hochhäusern in Ballungsräumen in Küstennähe, der gesamten Wohnbebauung mit Blick aufs Wasser, den viel zu dicht bebauten Innenstädten, den Tankern mit Öl und jeder Menge Waren, die jeden Tag unsere Häfen erreichen? Was ab jetzt passieren könne, sei unklar, nicht vorhersehbar, meinen die Geologen. Vielleicht geschähe in den nächsten zehn, zwanzig Jahren noch nicht viel, nur Allmähliches, woran man sich schon gewöhnt habe. Der Planet würde ein »Hothouse« werden, das stehe fest, er könne sich aber auch gar nicht an die Berechnungen der Forscher halten.

Der genaue Zustand der Planetengesundheit lässt sich schwer erfassen und noch schwerer allgemein verständlich und ohne apokalyptische Visionen erläutern. Dazu kommt, dass der kurze Zeitraum des Anthropozäns und seine schon bislang gewaltigen Folgen das politische Handeln gewissermaßen anästhetisiert zu haben scheinen. Wenn man eine Liste von Dingen vor sich sähe, die man ändern sollte, um von einem Leben in der industriellen Moderne zu einem ökologisch-planetarisch verträglichen Leben zu kommen, würde einem schwindelig werden. Moralische Fragen, Fragen der Freiheit und der Subjektivität spielen bei den notwendigen Änderungen eine große Rolle.

Die Klimakrise ist ein zutiefst politisches, ein soziales und ein moralisches Problem. Und doch muss natürlich entschieden werden. Vor allem, weil sich die Verfassung des Patienten Erde vor unseren Augen verschlechtert. Befunde der Wissenschaften lassen sich nicht ohne Weiteres in konkrete Handlungen übersetzen. Doch sie sollten ohne Zweifel die Führung bei den politischen Entscheidungen übernehmen. Genau das ist in den vergangenen 70 Jahren viel zu wenig geschehen.

Technosphäre

Der Geologe Zalasiewicz sieht den Startschuss für die erste Phase der »großen Beschleunigung« ab den 1950er Jahren in einem folgenschweren Statement, mit dem der ehemalige Finanzminister der Vereinigten Staaten, Henry Morgenthau jr., im Juli 1944 die Bretton-Woods-Konferenz eröffnete: »Alle Menschen können sich zukünftig an den Früchten materiellen Wohlstands laben, weil die Erde mit unendlichen natürlichen Ressourcen gesegnet ist. Unserem ökonomischen Wohlstand sind keine Grenzen mehr gesetzt.« Im Jahr 1992 verschärfte und verteidigte ein weiterer amerikanischer Finanzminister, Larry Summers, die Lehre von Morgenthau trotzig gegen die ersten feinen Risse im Wachstumsnarrativ: »Es gibt keine Belastungsgrenzen der Erde – es gibt keine Risiken durch so etwas wie Erderwärmung oder irgendetwas anderes. Die Idee, dass wir unser Wachstum wegen irgendwelcher Grenzen der Natur begrenzen sollten, ist ein profunder Irrtum, der noch dazu extreme und niederschmetternde soziale Kosten mit sich bringt.«

Die 50er Jahre des 20. Jahrhunderts werden inzwischen allgemein als Startzeitpunkt für das Anthropozän markiert, weil ab diesem Zeitpunkt die Menschheit stark anwuchs und ein neuer Lebensstil sich ausbreitete, der seither vollkommen neue geologische Spuren hinterlässt. Feststellbare Ablagerungen erzählen von folgenden Veränderungen: Deutliche Sedimentationen von industrieller Asche und Flugasche durch den Einsatz von Erdöl, Kohle, Gas, Benzin und Kerosin (erst seit den 80er Jahren gibt es in Deutschland ein Bundesemissionsschutzgesetz, das die Abscheidung der Asche ansatzweise regelt); verstärkte Ablagerungen von Phosphor und Stickstoff in Atmosphäre und Gewässern durch den steigenden Einsatz von Düngemitteln; eine Phase der »großen Beschleunigung« aller wirtschaftlichen Aktivitäten rund um den Globus mit deutlich höheren metallischen und ölbasierten Sedimentationen, beispielsweise Aluminium, Beton- und Ziegelfragmenten sowie Plastik; die ersten atmosphärischen Spuren von oberirdischen Kernwaffentests mit einem Höhepunkt Mitte der 60er Jahre und den Resten der technischen Nutzung der Kernenergie; die exponentielle Zunahme von weiteren Klimagasen durch die globale Mobilität der Menschheit.

Zukünftige Erblasten einer vor mehr als 70 Jahren entstandenen und sich beständig weiter verdichtenden globalen »Technosphäre« werden von den Wissenschaftlern als Mega-Trigger für eine sich nochmals verstärkende Erderwärmung gesehen. Peter Haff, emeritierter Professor für Geologie und Umwelttechnik an der Duke University, hat den Begriff für jene neue Erdsphäre, die »Technosphäre«, geprägt. Sie umfasst alle Artefakte des Menschen und ihn selbst als mit seinen technologischen Hilfsmitteln inzwischen verwobenes Wesen, sagt Haff.

Man kann das Anthropozän als Resultat aller ökologischen Sünden betrachten, die die Menschheit bisher gegen den Planeten hervorgebracht hat. Die immer massiveren Kulturablagerungen rühren den Geowissenschaftlern zufolge wesentlich vom Aufbau dieser globalen, erdumspannenden »Technosphäre« her, die uns seit den 50er Jahren in immer dichterem Maße umgibt, eine geologische Beobachtung, die viel über die Unlösbarkeit unserer gegenwärtigen Krisen aussagt. Die gefundenen Reste verbrauchten Aluminiums reichen beispielsweise aus, um die Fläche ganz Nordamerikas zusammen mit Teilen Kanadas mit einer Folie zu überziehen. Auf dem Meeresboden gibt es heute keinen Quadratmeter mehr ohne Alu, ohne Plastikrückstände und ohne Betonreste. Selbst das kleinste und leichteste Plastikteilchen hat eine Verfallszeit von bis zu 500 Jahren. Inzwischen verschmutzen geschätzt bis zu 200 Millionen Tonnen Kunststoff unsere Ozeane. Allein die Fläche, die der große Müllstrudel im Norden des pazifischen Ozeans bedeckt, entspricht bei geschätzt 80 000 Tonnen Gewicht der viereinhalbfachen Fläche Deutschlands. Plastikteile lagern sich auf dem Meeresboden ab oder sammeln sich in riesigen Müllstrudeln an der Oberfläche der Meere. Jedes Jahr kommen mindestens 10 Millionen Tonnen Plastik dazu, weil wir jährlich so viel neues Plastik produzieren, wie es etwa dem Gewicht aller lebenden Menschen auf dem Globus entspricht.

Durch zukünftig stark wachsende Bevölkerungsteile auf der Südhalbkugel mit dem verständlichen Wunsch nach höheren Lebensstandards werde die Technosphäre unaufhaltsam immer größer und dichter, damit jedoch nur noch undurchdringlicher und wirrer werden. Das Ausmaß und die Effekte der neuen Erdsphäre, die alle denkbaren Materialien und deren Bewegungen sowie alle Energieströme der Welt erfasst, sind schwer zu beschreiben. Man muss sich auch die Technosphäre kugelig vorstellen, wie die Biosphäre, die von Lebewesen besiedelte Schicht der Erde, oder die Atmosphäre, jene gasförmige Hülle, die die Erde umgibt. Eine kugelige Schicht aus Technik, Material und Menschen, die den gesamten Planeten immer lückenloser umfließt, die immer mehr Energie zu ihrem Funktionieren beansprucht und immer größere Massen von Treibhausgasen und Abfällen produziert.

Die Technosphäre beinhaltet den gesamten technologischen Wildwuchs auf dem Globus: seien es die großformatig vernetzten Technologien, die rasch Rohstoffe aus dem Boden fördern und sie dann unter anderem der Stromerzeugung zuführen, die Strom- und Gasnetze, die Kommunikations-, Schienen- und Straßennetze samt aller darauf sich bewegenden Fahrzeuge, aller Flugrouten mit den entsprechenden Fluggeräten, aller Gebäude, allen Materials, das wir auf der Erde verschieben und festzementieren, der gesamten hochverdichteten Produktionstechnologie der Industrie und ihrer Produkte, der total vernetzten Logistiksysteme für die Verteilung aller auf der Welt hergestellten Güter. Die meisten dieser Technologien und Infrastrukturen sind inzwischen untereinander so stark vernetzt, dass eine Störung in einem System die Chance hat, eine Reihe anderer Systeme in Mitleidenschaft zu ziehen oder vollkommen lahm zu legen.

Polykrise

Corona, Lieferkettenchaos, ein im Suez-Kanal festhängender Frachter-Riese, Überschwemmungen, verheerende Buschbrände, Krieg in der Ukraine, Energiekrise, Rohstoffkrise, Klimakrise, Inflation, steigende soziale Ungleichheit, Fachkräftemangel, Migration – wären die 20er Jahre des 21. Jahrhunderts der Anfang eines Filmdrehbuchs, dann wäre abzusehen, dass dieser Katastrophenthriller nicht gut endet. Das Unbehagen darüber, dass die Mixtur schwerwiegender Probleme, die wir schon eine Weile beobachteten, dabei waren, unser Land zu überfordern, hatte sich seit Beginn eines nicht mehr vorstellbaren Angriffskriegs im Osten Europas noch einmal verstärkt.

Der Begriff der »Zeitenwende« war zum Wort des Jahres 2022 gewählt worden. Sollte er eine neue Erkenntnis meinen, ist er vielleicht passend gewählt worden, sollten plötzliche Verhaltens- oder Haltungsänderungen damit gemeint sein, ist er zu hoch gegriffen. Große Probleme lassen sich nicht auf einen Schlag verändern, auch nicht, indem man einen ordentlichen Scheck auf die Theke legt. Besser auf die Stimmungen im Land hätte wahrscheinlich der Begriff der »Polykrise« als Wort des Jahres gepasst, der vom französischen Soziologen Edgar Morin in den 1990er Jahren geprägt worden ist. So oder so, trotz überstandener Pandemie und abgewehrter Energienotstände griff nach 2022 noch tieferer Pessimismus um sich. Die Menschen hatten zunehmend das Gefühl, dass sich mehrere Krisen gleichzeitig zuspitzten und miteinander verketteten – eine komplexe, irgendwie »knäuelhafte« Problemlage, aus der nur sehr schwer wieder herauszukommen war. Die Überforderung des Individuums als Folge multipler Krisen wurde klar erkennbar.

Zumindest planetarisch gesehen, wendete sich einiges zum Negativen. Die Verkettungen von Problemen wurden zahlreicher und vieles wurde in der gewendeten Zeit erst einmal schlechter als vorher. Das Phänomen zeigte sich zuerst am Ersatz für das Gas aus den russischen Pipelines. Die seit Jahrzehnten eingeschwungene Gaslogistik war unterbrochen, die Pipelines von Ost nach West zerstört oder abgedreht. Doch Deutschland konnte ohne Gas nicht leben, das Land war unvorbereitet auf eine Energiekrise. Die Abhängigkeiten vom Brennstoff Gas hatten sich in den vorausgegangenen 20 bis 30 Jahren durch ein förmlich explodierendes Industriewachstum und den abrupten Ausstieg aus der Kernenergie ohne entsprechend vorauslaufenden Ausbau erneuerbarer Energieanlagen und ohne Veränderungen in der Heizungsinfrastruktur sogar noch verfestigt. Erdgas galt als billige »Brückentechnologie« auf dem Weg in das klimaneutrale Zeitalter. Nun war die Brücke gesprengt worden.

Doch die Ersatzbeschaffung von Erdgas aus anderen Teilen des Globus gelang. Zu einem großen Teil waren Flüssiggasschiffe dafür notwendig. Die langen Wege der Gasschiffe, die umweltschädlichen Extraktionsprozesse für dieses neue Gas an ganz anderen Orten der Welt, die komplizierten, energieintensiven, nicht ohne chemische Beimischungen vonstattengehenden Kompressions- und Regasifizierungsprozesse auf Tankern und in Hafenanlagen, die hydraulische Frakturierung des Gesteins vorher, um das Gas unter Ausstoß von klimaschädlichem Methan herauszupressen –

man ahnte nur, wie viel aufwendiger das Ganze im Vergleich zu den alten Wegen aus leichter zugänglichen russischen Gasfeldern war. Und um wie viel umweltschädlicher. Experten gehen davon aus, dass gefracktes Gas aus den USA sechsmal, solches aus Australien mehr als siebenmal klimaschädlicher ist als Gas aus Norwegen. Norwegisches LNG-Gas kann es sogar mit russischem Pipelinegas aufnehmen, fast alles andere ist schmutziger. Aber die Umweg-Beschaffung war zur Freude aller gelungen. Wir konnten unser Beschaffungsproblem mit Geld lösen. Dem Planeten war damit nicht unbedingt gedient.

Der Mensch ist seine Infrastruktur geworden

Die Polykrise zeigte sich zunehmend auch in der Bewegungsunfähigkeit des Landes, was zahlreiche Infrastrukturbereiche betraf. Dass wir es dabei maßgeblich mit einem Problem der global vernetzten Technosphäre zu tun hatten, wurde uns eigentlich jeden Tag vorgeführt. Schnell hatte es beispielsweise in jenem ersten Kriegsfrühjahr 2022 die Idee gegeben, eine Abschaltreihenfolge für Wirtschaft und Industrie im Fall einer Gasmangellage zu erarbeiten. Der gute Plan stellte sich als eine schier unlösbare Aufgabe heraus. Schalteten wir Glasbläsereien ab, würden keine Impfstoff-Fläschchen mehr hergestellt werden. Schalteten wir Papierhersteller ab, würde uns das Toilettenpapier ausgehen, schalteten wir chemische Betriebe ab, würde die gesamte Autoindustrie leiden, Landwirte würden ihre Felder nicht mehr düngen können. Genauso verhielt es sich mit den großen Lieferketten, beispielsweise was elektronische Bauteile oder Bau- und Metall-Rohstoffe anging, deren Abhängigkeiten uns im gleichen Zug immer bewusster wurden.

Der Biologe und Erdwissenschaftler Manfred Laubichler geht so weit zu sagen, dass wir Menschen unsere eigene Infrastruktur geworden sind und dass diese mittlerweile auch unser hervorstechendstes Merkmal ist. Nicht die Mosaiken von Pompeji würde man von uns ausgraben, sondern die Überreste der globalen Technosphäre, keine Tonscherben oder Reste von Bestattungsriten, sondern Mikroplastik und Technofossile. Wir haben mittlerweile fast unseren gesamten Planeten umkonstruiert, sagt Laubichler, drei Viertel der festen, eisfreien Erdoberfläche sei umgekrempelt, praktisch kein Quadratkilometer Erde nicht bearbeitet, nicht be- oder überbaut, unter- oder übertunnelt. Jedes Materialteil und jeder Mensch werde bald mit etwas anderem vernetzt sein. Das Gewicht des auf der Erdkruste aufgetürmten Materials übertreffe das Gewicht biologischen Materials der Erde bei Weitem.

Wir sind unsere Technologie geworden, ist Laubichlers Diagnose. Eine empfindliche Folge der verdichteten Technosphäre sei, dass die meiste Energie, die wir verbrauchen, dafür aufgebracht wird, unsere heutige Infrastruktur und unser Leben darin zu erhalten. Davor gebe es kein Entrinnen mehr, sagt Laubichler. Wir erreichten kaum noch echtes Wachstum, weil die für unser modernes Leben notwendige, immer weiter und dichter aufgebaute Infrastruktur immer erst betrieben werden muss. Unsere »Erhaltungsfunktionen« alleine verbrauchten dabei bereits so viel Energie, dass wir nicht mehr in der Lage sind, unseren Energieverbrauch wesentlich zu reduzieren. Wir sind nach Laubichler dazu verdammt, immer mehr Energie zu produzieren, allein um die immer weiterwachsende Infrastruktur am Laufen zu halten, ohne die acht Milliarden Menschen auf unserem Planeten gar nicht leben können. Schon kleinste Störungen würden enorme Wellen im System schlagen. Und meist erfänden wir für die Lösung eines in der Technosphäre auftretenden Problems eine andere sogenannte Innovation, die dann noch mehr Energiezufuhr erfordere.

Eine Erweiterung der Technosphäre um artifizielle Intelligenz-Systeme, KIs und Systeme virtueller Realitäten werde den unermesslichen Wirrwarr weitertreiben und nochmals erhebliche Energieaufwände produzieren, prophezeit auch Haff. Wir sind vollständig im Griff dieser Sphäre, sagt er, sie sei autonom geworden, wir seien nicht mehr in der Lage, unsere technischen Systeme zu kontrollieren. Wir sollten uns diese Nichtkontrollierbarkeit eingestehen, rät der Forscher, sie sei nicht mehr abzuwenden, allenfalls einzugrenzen.

Zu den Analysen der Geologen passt eine aktuelle Meldung: Der chinesische Social-Media-Anbieter TikTok hat kürzlich angekündigt, drei Rechenzentren in Europa zu bauen. Woher der Strom für immer mehr und immer energieintensivere Rechenzentren kommen soll, interessiert den Betreiber gewöhnlich nicht. In Norwegen ist es jetzt zu einem Konflikt zwischen TikTok und einem Munitionshersteller gekommen, der dort seit dem 19. Jahrhundert seine Ware produziert. »Wir sehen unser künftiges Wachstum wegen der Speicherung von Katzenvideos gefährdet«, sagte der Chef des norwegischen Munitionsherstellers Nammo der Financial Times am 26. März 2023. So wie in Norwegen bereits geschehen, ist in Zukunft mit zunehmenden Nutzungskonflikten um Strommengen zu rechnen. Für die fortwährende Kühlung der TikTok-Rechenzentren werden die notwendigen Massen an Strom überall auf der Erde bereitgestellt werden müssen. Niemand fragt bisher danach, was dies für den Planeten bedeutet.

Reagiert der Planet?

Die sachliche Distanz der Geologen ordnet das Gehirn. Einige Wetterkatastrophen der vorigen Jahre ordnen sie als Beispiele dessen ein, was sie »das planetarische Geschehen« nennen. Ihrer Ansicht nach hat es längst begonnen, sich zu ereignen. Beispiele dafür sind das unterseeische Megathrust-Erdbeben im Indischen Ozean vor Thailand von 2004 mit fast 230 000 Toten; das schwere Erdbeben mit Tsunami und Monsterwelle an der japanischen Küste von 2011 mit knapp 20 000 Toten, das heftige Erdbeben im Südosten der

Türkei und Nordwesten Syriens von 2023 mit mehr als 50 000 Toten und auch die Flutkatastrophe im Sommer 2021 im Ahrtal und in Nordrhein-Westfalen mit mehr als 200 Toten. Dazu die vermehrten großen Waldbrände in zahlreichen Ecken des Planeten, der globale Wassermangel, nicht nur während der Heißzeiten im Sommer 2022 und 2023, die schweren Wirbelstürme, Orkane und Fluten an fast allen Küsten, die Änderung von Meeresströmungen, die Erdrutsche oder Erdbeben in anderen Regionen des Globus, hauptsächlich in Asien, dem am dichtesten besiedelten Erdteil mit jährlich 50 000 Toten allein durch Klimakatastrophen.

All diese Ereignisse könnte man als Reaktionen des Planeten lesen, sagt ein Teil der Geologenschar, die sich mit der Klimakrise beschäftigt. Ohne Bedauern stellen die Forscher fest, dass der Planet die Rettung der Menschheit nicht an die erste Stelle seiner Reaktionen setzen wird. Anders ausgedrückt: Der Mensch ist dem Planeten egal. Die Erde behandelt die Menschheit nicht bevorzugt. Sogenannte »Reaktionen« des Planeten könnten in der Weise missverstanden werden, dass man dem Planeten irgendeine Intelligenz des Handelns zuschreibt. Dies darf verneint werden. Allerdings sind komplexe physikalische Folgewirkungen, die mit der Erhitzung der Erde in Zusammenhang stehen, wahrscheinlich. Hier muss die Forschung weitergehen. Scherzhaft und dennoch ein wenig ängstlich wird heute nach einem heftigen Platzregen im darauffolgenden Small Talk schon öfter die Frage gestellt: »War das noch Wetter oder ist das schon Klima?« Beides ist richtig. Regenwetter hat es immer gegeben, die Starkregenereignisse haben sich jedoch in ihrer Heftigkeit seit den 1980er Jahren messbar gesteigert und über Jahre veränderte Wetterlagen hervorgebracht. Diese prägen ein verändertes Klima, das dem Menschen bisher abträglicher ist als das Klima des Holozäns. Fest steht außerdem, dass sich das globale Klima in der Zeit vor der großen Beschleunigung, also in den 10 000 Jahren des Holozäns, weniger anhaltend verändert hat. Erst, als der Mensch anfing,

Treibhausgase in die Atmosphäre zu emittieren, kam es zu einem erheblichen Anstieg der Lufttemperaturen und des Wärmegehalts der Meere.

Wenn sich das Wasser des Ozeans erwärmt, dehnt es sich aus, was unter anderem den Anstieg der Meeresspiegel bewirkt. Zusätzlich wurde in den letzten Jahren das beschleunigte Abschmelzen der Gletscher an Land und an den beiden polaren Eisschilden beobachtet. Zwischen 1900 und 2010 ist der Meeresspiegel im Durchschnitt um 1,7 Millimeter pro Jahr gestiegen, zwischen 1993 und 2010 waren es durchschnittlich 3,2 Millimeter pro Jahr, also fast das Doppelte des langjährigen Durchschnitts. Für das Jahr 2018 allein wurde ein Rekordwert von 3,7 Millimetern Anstieg gemessen. Seit 1982 wird eine Verdopplung der Hitzewellen im Meer vermerkt, eine Zunahme der Windstärken und der Niederschläge tropischer Wirbelstürme, eine Mehrung extremer Hitzewellen an Land in Verbindung mit dem relativen Anstieg der Wasserspiegel und stärkerer Überflutung sowie Erosion der Küsten.

Dank der plattentektonischen Theorie betrachten wir unseren Planeten heute als ein dynamisches System von sich bewegenden Erdplatten, die auf dem Erdmantel aufliegen und darauf herumwandern (die sogenannte »Kontinentaldrift«). Zu den Folgen dieser Plattenbewegungen gehören Vulkanismus und Erdbeben. Ob Treibhauseffekte auf seismische Erdbewegungen hinwirken und ob Erdbeben jemals vorhersehbar werden, ist bisher nicht geklärt. Antworten auf diese Fragen zu finden stellt eine wesentliche Herausforderung künftiger Erdsystemforscher dar. Auf jeden Fall scheinen die Verteilungsmuster von Erdbeben und Vulkanen mit den inneren Kräften unseres Planeten in einem Zusammenhang zu stehen. Fluide im Erdinneren, die die Plattengrenzflächen »schmieren«, scheinen bei Erdbeben eine Rolle zu spielen. Zu klären ist, ob es Systemabhängigkeiten und Schwellen gibt, deren Überschreiten das Erdsystem – regional oder global – in einen neuen Zustand versetzen können. Dazu brauchte es eine globale wissenschaftliche

Zusammenarbeit. Die planetarischen Vorgänge sollten endlich ein Fokus der globalen Forschung werden.

Neue Landkarten

Selbst wenn die COP-Konferenzen (Conference of the Parties, Vertragsstaatenkonferenz), nach ihren konkreten Ergebnissen beurteilt, immer wieder mehr oder weniger scheitern, sind sie Übungen im planetarischen Denken. Denn wenigstens dort wird von den ärmeren und vulnerablen Ländern eine planetarische Perspektive auch der großen reichen Nationen erzwungen. Planetarisch denken heißt, den »großen« Blick von außen einzunehmen und mit Distanz auf die Erde zu blicken, so wie ein Astronaut die Erde erfasst, wenn er sich ihr mit einem Raumschiff nähert. Dieser Blick löst bei Raumfahrern immer wieder eine große Bewunderung für die Schönheit der Erde inmitten von unbewohnten, toten, nur mit Geröllwüsten bedeckten Nachbarplaneten aus. Auf den zweiten Blick erwächst daraus eine neue Kategorie von Sorge um das Wohlergehen des schönsten Planeten, den das Universum bisher hervorgebracht hat.

In seiner einfachsten politisch-gesellschaftlichen Definition bedeutet das Planetarische »das Erdumspannende« als Bezugsrahmen der Welt, im Gegensatz zum Nationalen oder Regionalen. Konsequent gedacht geht es beim Planetarischen um die Auflösung eines Denkens in geopolitischen Blöcken, Nationalstaaten oder noch kleineren Einheiten. »Wir [sind] immer noch Gefangene des Nationalstaats«, konstatierte vor rund zehn Jahren der Philosoph und Soziologe Ulrich Beck in einem gemeinsamen Interview mit dem Philosophen Bruno Latour; der Satz gilt weiterhin, und zwar bis ins kleinste Feld. Wenn sich Bürger in einer hessischen Ortschaft gegen den Bau von Windparks wehren, weil er ihnen die Aussicht verstellt, dann bedeutet auch das eine Verweigerung planetarischen Denkens.

Mit dem Wegfall enger geographischer Geltungsbereiche ist in einer planetarischen Denkweise die Neuorganisation der Erde nach anderen Kategorien als den nationalen Grenzen angebracht. Der Philosoph Peter Sloterdijk spricht in *Die Reue des Prometheus* von einem »Weltbodenschatzerbe«, das es zu retten gilt, und dem dafür notwendigen Wegfall bisheriger »Plünderungsprivilegien«, die einstmals mit dem Völkerrecht der Nationalstaaten verbunden wurden. Klimaforscher zeichnen ungewöhnliche globale Landkarten, in denen die entscheidenden Linien nicht Grenzen zwischen Staaten oder Kontinenten sind, sondern beispielsweise die Höhe des Meeresspiegels, die Vorkommen bestimmter unterirdischer Gebirgsketten oder die roten Linien globaler Jahresdurchschnittstemperaturen. Letztere werden künftig jene Linien sein, die zählen. Auch die Beobachtung der Plattentektonik nach seismischen Kleinstbewegungen stellt eine planetarische Sichtweise dar, die unsere Risikovorsorge schärfen kann. Unter Umständen könnte sie Hinweise auf Geschehnisse im Erdinneren geben und uns damit eine bessere Vorbereitung auf bevorstehende Erdbeben und Vulkanausbrüche gestatten. Auf diese Weise entstehen brandneue politische Tagesordnungen, um die sich die Welt zu kümmern hat, auch neue geopolitische Aktionsfelder und Machtlandschaften, die arme Länder stärken könnten und ihnen eine weltöffentliche Stimme gäben.

Beck sah im Planetarischen oder dem »Kosmopolitischen«, wie er es gelegentlich nannte, eine große Chance, unser eingeübtes Freund-Feind-Schema aufzulösen. Der planetarische Imperativ sei die Kooperation der Welt. Kooperation oder Untergang, nichts anderes bliebe uns in der Epoche des Anthropozäns übrig. Bruno Latour sah dagegen eher mehr Konflikte durch den planetarischen Blick entstehen. Wir befänden uns in einem Krieg aller gegen alle, »in dem die Protagonisten nicht nur Wölfe und Schafe sind, sondern auch Thunfisch und Kohlendioxid, Meeresspiegel oder Algen«. Diese Fundamentalkonflikte seien der Naturzustand unserer

Gegenwart. Latour monierte das Fehlen einer »Bodenstation« des Planetarischen, die im Zweifel anzurufen wäre. Es gäbe keinen Schiedsrichter, kein Welt- oder Planetenparlament, das beispielsweise bei Vergehen gegen das Artensterben gegen die Verursacher einschreiten könnte. Eine planetarische Ethik müsse für solche Entscheidungen entwickelt werden. Dass wir auf dem Feld der planetarischen Strategien leider außer der Formulierung anspruchsvoller Ziele kaum Fortschritte erreicht haben, beschreibt der vorletzte zusammenfassende IPCC-Synthesebericht aus dem Jahre 2022. »Die Temperaturen steigen, der Kongress tanzt«, fasst Sloterdijk diesen Bericht sarkastisch zusammen.

Ein sogenannter »kosmopolitischer« oder auch »planetarischer Blick« auf die Klimakrise ist, neben der guten Arbeit der Wissenschaftler im Weltklimarat und obwohl viele Soziologen diesen weiteren Blick auf die Krise auch von der Politik immer wieder eingefordert haben, bisher nicht vorhanden. Der einzige Vorstoß, der sich noch einmal als Vorteil im Kampf erweisen könnte, ist die Tatsache, dass es inzwischen eine europäisch organisierte Klimapolitik gibt, die für den europäischen Kontinent – nach China und Amerika belegt Europa Platz drei der größten Emittenten der Erde – Ziele und Richtwerte erarbeitet hat. Deren Nichteinhaltung ist wenigstens teilweise mit Geldstrafen bewehrt. Eine solche Organisation und eine solche Art der Sanktion fehlt auf weltweiter Basis; sie fehlt auch für das in Paris vereinbarte Ziel von maximal 1,5 Grad Celsius globaler Erwärmung. Der Weltklimarat ist bisher ein rein beratendes, wissenschaftliche Informationen sammelndes Gremium der Vereinten Nationen. Noch immer gibt es niemanden, der eine globale oder gar planetarische Maßnahmenagenda politisch erarbeitet hat und nachhält.

Energiewenden in Deutschland und Europa sind wichtig, weil sie hoffentlich einmal erfolgreiche Beispiele einer klimaneutralen Lebensweise sein können. Sie tragen zunächst nur in geringem Umfang zur Lösung des globalen Problems bei. Dies hört man auch gerne von Menschen, die darauf in der Absicht verweisen, dass andere Länder, die heute mehr CO_2 als Deutschland emittieren, doch erst einmal mit dem Sparen von CO_2 anfangen sollten, bevor sich Deutschland bewegt. Die Verurteilung von größeren Schädigern woanders auf der Welt ist ein schwaches Argument. Denn, historisch gesehen, gehört Deutschland zu den Top-Klimaschädigern der Erde. Die Verurteilung anderer ist im Grunde gar kein Argument. Bei der Erziehung unserer Kinder etwa würden wir den Satz: »Andere Kinder dürfen aber X und Y …«, als Argument vehement ablehnen. Staaten wie China und Indien oder Kontinente wie Afrika und Asien sind als Gleichgestellte zu betrachten und als Mitkämpfer um die Rettung des Planeten an Bord der europäischen Anstrengungen zu holen.

Katastrophenprävention

Bisher haben wir in Europa kaum Sensorien für das Planetarische entwickelt, außer an den Küstenstreifen vielleicht. Jedoch wird auch dort bisher oft eher mit der Aufschüttung von ein paar neuen Sandwällen geplant, als dass grundlegendere und übergreifendere Maßnahmen ergriffen werden. Den Gefahrenschutz für das, was uns bevorsteht, allein auf den bis jetzt errechneten Zentimetern steigender Meeresspiegel an einer nationalen Küste zu berechnen, wird als alleinige Schutzmaßnahme höchstwahrscheinlich zu kurz greifen. Den Planeten in dieser quasiökonomischen Form zu managen, kann sogar in falsche Sicherheit wiegen. Ein mittlerweile historisches Beispiel zeigt dies besonders deutlich: Beim Erdbeben vor der japanischen Küste von 2011 in der Nähe des Kernkraftwerks von Fukushima waren die Mauern um die Brennkammern auf ein Erdbeben der Stärke 7,9 ausgelegt. Es kam jedoch zu einem Beben der Stärke 9,1. Mit den bekannten Folgen eines so noch nie dagewesenen nuklearen Desasters selbst in einem Kraftwerk, das über eine als vorbildlich eingestufte Sicherheitsarchitektur verfügte. Denn darin lag ja der zentrale Unterschied zu dem in seinen Folgen für die Bevölkerung noch bedeutend schlimmeren Nuklearunfall von Tschernobyl, das praktisch über gar keine Sicherheitsstruktur verfügte.

Das im Juli 2023 von der Bundesregierung verabschiedete erste Klimaanpassungsgesetz verlangt von Städten und Gemeinden die Erarbeitung lokaler Klimakonzepte. Doch die allerwenigsten können das überhaupt leisten. Der Finanzbedarf für erste Präventionspläne wird vom Städtetag bis 2030 auf 55 Milliarden Euro und mehr als 16 000 neue Stellen geschätzt. Er stellt eine von den Kommunen nicht leistbare Investition dar. Das Bundesgesetz wird wohl wenig an der mangelnden systematischen Prävention im Land verändern.

In Indonesien ist die Staatsregierung dabei, die Hauptstadt Jakarta aus Gründen der Klimakatastrophe auf die geologisch sicherere Insel Borneo zu verlegen. In Deutschland baute man im Ahrtal die meisten Häuser an derselben Stelle wieder auf, an der sie abgesoffen waren. Wie weit denken wir über die inzwischen auf jeder Flutkarte rot gekennzeichneten deutschen Küstengebiete nach, in denen sich mittendrin Städte wie Leer, Emden, Aurich, Wilhelmshaven, Nordenham, Bremerhaven, Cuxhaven, Stade, Bremen oder Hamburg befinden? Die Wirkmacht des Planetarischen ist schwer zu erklären und zu begreifen. Sie erschließt sich nicht in der hektischen Notversorgung nach vermeintlichen Wetterkatastrophen, die wahrscheinlich bereits planetarische Dimensionen erreichen.

In Deutschland und Europa setzt man wie selbstverständlich weiterhin auf die Geltung aller gängigen Berechnungen zum Ablaufplan der Erderwärmung. Alles eventuell Dramatische ist damit immer noch Jahrzehnte weit entfernt. In der Zukunft liegt das Sorgenvolle gut. Man rechnet mit mindestens 20 Jahren Zeit, bevor es wirklich einmal ernst wird, und kann den Punkt der Präventionshandlungen immer weiter vor sich herschieben, wie ein Buch, das man über den Tisch von sich wegschiebt, weil man es jetzt nicht lesen will. Die Kluft zwischen den planetarischen Problemen, die auf uns zukommen, und den notwendigen Verhaltensänderungen, die zur Abmilderung der Schäden notwendig wären, erscheint riesig. Sie ist uns so wenig vorstellbar, dass wir uns nicht die Mühe machen, sie vorzudenken.

Katastrophenprävention ist komplex, kleinteilig und aufwendig. Dabei ist sie dennoch eine der größten unter den wesentlichen Zukunftsaufgaben. Die geopolitisch immer schwieriger werdende Situation tut ein Übriges dazu, um sich einzureden, dass dies im Moment auch noch gar keinen Sinn ergibt, weil uns so viele andere Krisenherde beschäftigen. Was soll ich mich um mehr Bäume kümmern, wenn es einen Krieg in Europa gibt, wenn doch bisher alles funktioniert, wenn die Supermärkte übervoll sind? Ein Katastrophentod liegt bisher nicht in unseren Denkmöglichkeiten. Das macht das Dilemma auf philosophischer Ebene aus. Wir leben jedoch nicht nur als Spezies, sondern auch als Individuum permanent gegen das Leben.

Dass sich der Planet brav und genau an die mittleren oder die besten Werte der wissenschaftlichen Berechnungen halten wird, ist eher unwahrscheinlich. Wir bräuchten eine zweite Rechnung, quasi eine Rechnung des Planeten, das Ausgehen vom schlechtesten Fall, den die Daten und Fakten der Wissenschaftler hergeben. Daten und Fakten über das Planetarische haben wir jedoch bisher immer noch zu wenige. Geologen und Meteorologen arbeiten oft in voneinander getrennten nationalen Einrichtungen; eine gemeinsame planetarische Sicht aller Erdforscher des Globus ist auch in der Wissenschaft noch ungewöhnlich und bisher nicht besonders ausgeprägt vorhanden. Nur der IPCC ermöglicht bisher eine gebündelte Sicht auf die Probleme. Doch diese ist, beispielsweise geographisch betrachtet, nicht besonders detailgenau. Auch fehlt dem Rat die Umsetzungsmacht. Und er müsste in die Lage versetzt werden, eigene Forschungsaufträge vergeben zu können.

Allein die Geologie hat mehr als zehn Teilgebiete; Geologen, Paläontologen, Biologen und Meteorologen arbeiten in den unterschiedlichsten Instituten an den unterschiedlichsten Projekten. Eine gemeinsame Sicht ergibt sich eher zufällig, sie wird noch nicht planvoll, systematisch und regelmäßig genug herbeigeführt, zum Beispiel in Form gemeinsamer interdisziplinärer Großprojekte bei der aktuellen Beobachtung verschiedenster Probleme des Erdsystems und ihrer lokalen Auswirkungen. Solange es jedoch wenig gemeinsame Forschung und kein gemeinsames Sensorium aller mit dem Klimawandel verbundenen Wissenschaftler gibt, wird auch die Sicht auf die Gefahr partikular bleiben.

Klimaarchive

In einem Kühlcontainer des geologischen Instituts der Universität zu Köln lagerte lange Zeit ein spektakulärer Bohrkern aus Ostsibirien. Ein Forscherteam hatte im Jahr 2013 vom Grund des an seiner Oberfläche dicht vereisten El'gygytgyn-Sees in Ostsibirien eine rund 200 Meter tiefe Sedimentbohrung niedergebracht. Der See war in grauer, menschlicher Vorzeit durch einen Meteoriteneinschlag entstanden, der ein 18 Kilometer tiefes Loch in die Erdkruste geschlagen hatte. Entlang des Bohrkerns ließen sich Jahrtausende und Jahrmillionen der Erdgeschichte nachvollziehen. Eisbohrkerne stellen eine Art Klimaarchiv über den Gehalt von Treibhausgasen in buchstäblich uralter Luft dar. Aus den Eisscheiben solcher Bohrkerne lässt sich beispielsweise abgelagerter Pollen herausschälen. Damit sind jahrtausendealter Pflanzenbewuchs und auch die jeweils herrschenden Temperaturen der Vorzeit gut nachvollziehbar. Selbst die Anreicherung der Luft mit CO_2 ist aus den im Eis gespeicherten Luftblasen recht genau ablesbar. Der Meteoriteneinschlag in Ostsibirien stellte einen wissenschaftlichen Glücksfall dar. Das Kölner Forscherteam belegte mit seiner Bohrung, dass Klima und Temperatur in der Arktis auch schon vor mehr als drei Millionen Jahren von der CO_2-Konzentration in der

Luft abhängig waren. Auch sahen die Geologen aus ihren Proben, dass das Ökosystem der Arktis erstaunlich heftig auf Veränderungen der Treibhausgaskonzentrationen reagiert hatte. Sie folgerten daraus, dass auch der heutige menschengemachte Klimawandel, zumindest in den Polregionen, viel drastischere Folgen annehmen wird als bisher angenommen.

Aus früheren Phasen der Erwärmung und Erkaltung des Planeten lässt sich sehr viel über unsere Klimasituation lernen. Schließlich haben Geologen überall auf der Welt seit etwa 100 Jahren solche Bohrkerne angelegt. Die Kölner Forscher konnten mit den Sedimenten aus ihrer Bohrung belegen, dass die Arktis bei einer bestimmten Konzentration von CO_2 in der Luft eisfrei gewesen sein muss. Sie fanden heraus, dass die abrupten Eisschmelzen bei CO_2-Konzentrationen geschehen waren, die unseren heutigen vergleichbar sind.

Auch Bohrkerne aus den Eifelmaaren haben gezeigt, dass es schon sehr lange einen Zusammenhang zwischen Warmzeiten und Extremwetter gegeben hat. Dennoch ahnen wir den aktuellen Gesamtzustand des Patienten Erde bisher nur punktuell. Bohrkerne gibt es schließlich nicht von jedem Punkt der Erde und Vorhersagen über Extremwetterereignisse sind nach wie vor nicht sehr genau möglich. Auch Erdbeben können bisher nicht vorhergesagt werden. Man vermutet jedoch, dass auch Erdbeben mit Reaktionen auf bestimmte Schmelzprozesse, das heißt auch mit bestimmten Treibhausgaskonzentrationen, zu tun haben könnten. Niemand weiß heute genau, ob sich die Erdkruste nicht schon an vielen Stellen an kritischen klimatischen Grenzen befindet. Sicherlich wäre es angebracht, eine Übersicht aller geologischen Vorfälle des Globus als eine Art »planetarischer Radar« zu führen und zu überwachen. Dazu wären in einer globalen wissenschaftlichen Mission Parameter der Messung auszuarbeiten und systematisch global verteilte Sensoren zu setzen. Unerlässlich wäre es darüber hinaus, eine globale politische Agenda auszuarbeiten, die uns auf einen klimatischen Ernstfall vorbereitet, indem sie eine globale Klima-Notordnung erstellt und darin die prioritären Handlungsnotwendigkeiten anzeigt, damit sie auch präventiv zuerst abgearbeitet werden.

Schwere Buschbrände sind bisher die Begleiter jedes einzelnen Sommers des 21. Jahrhunderts gewesen. Allein die Brände australischer Wälder haben in den Jahren 2019 und 2020 fatale Ausmaße angenommen. Fast drei Milliarden Wildtiere sind dabei nach Report des World Wide Fund For Nature (WWF) entweder gestorben oder aus ihrem Lebensraum vertrieben worden. 11,5 Millionen Hektar verbrannte Erde haben die Flammen hinterlassen. Die Buschfeuer in Australien sind ungewöhnlich heiß gewesen, 830 Millionen Tonnen Kohlendioxid wurden damit in die Atmosphäre freigesetzt, mehr als der reguläre Jahresausstoß für den gesamten australischen Kontinent. Sind diese Unglücke die Meilensteine einer neuen planetarischen Rechnung? Bisher gehen wir anders damit um. Sobald der Sommer vorbei ist, geraten die Brände wieder in Vergessenheit.

Rettungsboote

Wie würden sich Politik, Wirtschaft und Gesellschaft im Angesicht einer planetarischen Physik überhaupt schlagen? Mit Corona waren demokratische Staaten auf den ersten Blick besser klargekommen als nicht demokratische, so sagten viele Beobachter. Daran konnte man sich festhalten, auch wenn die These unbewiesen blieb. Die Produktion der Impfstoffe war international koordiniert worden, die Verteilung ebenfalls, wenn auch verspätet und mit manch großer Ausnahme, beispielsweise den afrikanischen Kontinent oder China betreffend. Doch das Globale, der Globus, hat nichts mit dem Planeten und dem Planetarischen zu tun. Der Globus, das sind die Länder der Erde, dafür gibt es punktuell halbwegs gut funktionierende Abstimmungsgremien. Für den Planeten, der eine ganz andere Perspektive darstellt, gibt es bisher kein einziges politisches Gremium mit der Kraft, Entscheidungen herbeizuführen. Die mit trauriger Regelmäßigkeit planetarische Defizite aufsammelnde COP reicht seit Langem dafür nicht aus. Auch zeigte uns die Corona-Pandemie, dass wir in einer Biosphäre leben, in der die mikrobiologischen Kräfte des Planeten für uns nicht nur unsichtbar, sondern in ihrer Entstehung auch immer unkontrollierbarer geworden sind. Es ist schließlich absehbar, dass Virensprünge vom Tier auf den Menschen unser Leben in einer bevölkerungsreicheren Zukunft noch stärker und unvorhersehbarer beeinflussen werden. Im Grunde stellen auch Pandemien einen Teil der fortschreitenden Klimakrise des Planeten dar.

Corona hatte sich glücklicherweise nicht zu einer Katastrophe im Weltuntergangsmaßstab entwickelt. Doch was bedeuten die mit steigender Weltbevölkerung wahrscheinlich immer häufiger auftretenden virologischen Krisen? Wie könnte man sie besser beherrschen, um ein Ausbrechen auf dem ganzen Globus zu verhindern? Zu beobachten ist, dass wir auch diesem Phänomen zwei Jahre nach der Corona-Pandemie präventiv nicht besonders intensiv nachgehen. Ganz gleich jedoch, an welcher Stelle der Erde ein nächster mikrobiologischer Übertrag stattfindet, Corona hat uns gezeigt, dass jedes Virus dank unseres mobilen Lebensstils von überall auf der Welt innerhalb von drei Tagen vor der eignen Haustür schwebt. Auch in puncto Epidemien wäre eine vorausschauende planetarische Sichtweise von Vorteil.

Katastrophe, von griechisch »Umwendung« des Schicksals, bedeutet in der Definition der Katastrophenschützer: ein schlagartig eintretendes Großschadensereignis mit Gefährdung für größere Bevölkerungsteile und unter Mitleidenschaft oder Zerstörung von Infrastrukturen, dessen Schadenslage mit normaler Gefahrenabwehr nicht angemessen bewältigt werden kann. Das Unglück an der Ahr deckte Schwächen auf, die man sich nicht hatte vorstellen können. Die Wetterwarnungen hatten nicht funktioniert, einen Alarm- und Einsatzplan hatte es in diesem Tal nicht gegeben. Wahrscheinlich hing diese erschreckende Tatsache auch damit zusammen, dass man die akuten Klimagefahren, wenn überhaupt, immer woanders verortet hatte. Afrika, Asien und Amerika gelten schon lange als Kontinente, denen bei einer zu starken Erwärmung zuerst die größten Gefahren drohen.

Klimarisiken und -bedrohungen werden gerne ganz woanders gewähnt. Jedoch gibt es auch auf dem europäischen Kontinent Länder, die durch extreme Wetterereignisse gefährdet sind. Das sagen uns Rückversicherer seit Jahren. Menschliche Eingriffe in natürliche Wasserläufe sind ein lange bekanntes Problem, Schutzvorkehrungen aufwendig und durch jahrzehntelang unkontrolliert steigende Bodenversiegelung erschwert. Die Temperaturen sind in den vergangenen Jahren im sehr dicht besiedelten Deutschland stärker angestiegen als im weltweiten Durchschnitt – weil sich Landregionen generell schneller erwärmen als Meeresregionen und weil die Erhitzung in dicht bebauten Regionen deutlicher zunimmt und länger anhält.

Das Argument, die Katastrophe werde zuerst und mit aller Kraft an einer anderen, weiter entfernten Stelle des Globus zuschlagen, ist als Mittel der Beruhigung unbesiegbar. Die Vorstellung, diese Reihenfolge garantiere uns in Europa zumindest einen Vorsprung im Handeln, wenn nicht gar eine Rettungsmöglichkeit, beruht auf der Idee, Europa werde im Großen und Ganzen vom Klimawandel verschont und als Kontinent lebensfähig bleiben. Allenfalls werde unser alter Kontinent durch ein paar Überschwemmungen etwas kleiner dimensioniert sein. Es liegt in dieser Hoffnung eine alte Metapher verborgen, die schon Lukrez und Montaigne beschäftigt hat und die beide entlarvt haben. Da das menschliche Wesen durch krankhafte Eigenschaften wie Eifersucht, Neid, Aberglauben und Grausamkeit zusammengehalten werde, sei dem Mit-Leiden so etwas wie süß-saures, bösartiges Wohlbehagen beigemischt. Besonders gut sei dies bei Zuschauern eines Schiffbruchs zu beobachten.

Der Zuschauer stehe kraft seiner Distanz auf dem festen Ufer, er überlebe behaglich durch seine List, Zuschauer sein zu können. So beschreibt der Philosoph Hans Blumenberg das Phänomen in seiner Schrift *Schiffbruch mit Zuschauer*.

Die erwünschte Position des »Zuschauers mit Wissensvorsprung«, die im Westen gerne gepflegt wird, steht für die Geste des Mitleids, die immer auch eine Machtgeste ist. Sie ist zugleich Ausdruck der Hoffnung, es möge immer noch eine Welt zum Aussuchen geben. Anders als in der langen Erdgeschichte im Wechsel von Warm- und Kaltzeiten, in denen ein Umschwung Zehntausende Jahre gedauert hat, scheint sich die Erde jedoch dieses Mal deutlich schneller aufzuheizen. Auch ist die Bevölkerung unseres Planeten mittlerweile so stark angewachsen, dass wir uns bei einer Massenflucht gegenseitig im Weg stehen würden. Bei dem nächsten großen Untergang wird es wohl keine Rettungsboote für ein paar Reiche und Mächtige mehr geben. Die einzige Chance wird darin liegen, vorher alles zu tun, um den Schaden zu begrenzen. »Es kann dafür bereits heute erforderlich sein, nicht mehr nur Naturschutz zu betreiben, sondern eine Offensive anzugehen, die die Lunge von Amazonien wiederherstellt oder den Zirkulationsstrom im Nordatlantik wieder in Gang bringt«, sagt der indische Historiker Dipesh Chakrabarty. Beides sind Kipppunkte der Klimaerwärmung, auf die noch einzugehen sein wird.

In das Bild des Zuschauers, der von seinem Rettungsboot oder dem sicheren Ufer aus behaglich auf die Katastrophe schaut, passt auch die nicht selten geäußerte Idee, sich als Person, Familie, Land oder Kontinent »autark«, also im weitesten Sinne unabhängig zu machen. Autark vom Stromversorger, autark vom Heizungsinstallateur, autark von anderen Ländern, autark mit größeren Vorratskammern an Rohstoffen, mit Kaminen, mit Vorratsholz, autark von anderen Meinungen, fremdem Wissen, von anderer Leute Geld, seinem Nachbarn, egoistischen Unternehmen, autark von allen Stürmen. Einzelautarkien sind mit Blick auf das Klima viel weniger sinnvoll als das Agieren in Gemeinschaften. Im Hinblick auf das Planetarische aber ergeben sie überhaupt keinen Sinn. Wenn man aus der Perspektive des Planeten auf die Entwicklung der Erderwärmung schaut, dann geht es um eine Weltgemeinschaft, die sich intensiv und gemeinsam mit einem einzigen Problem beschäftigt und danach handelt.

In dieses Bild passt noch einmal das so oft vorgebrachte Argument der lediglich zweiprozentigen Verantwortung Deutschlands für das Klimaproblem. Darauf gibt es kurze und längere Antworten: Erstens, wir sind mit zwei Prozent kein unbedeutender Emittent. Zweitens liegt der deutsche CO_2-Ausstoß pro Kopf mehr als 60 Prozent über dem Weltdurchschnitt. Und drittens ist er mehr als vier Mal so hoch wie der eines Inders und einer Inderin. Vor dem Hintergrund der planetaren Gefährdung, mit der wir es zu tun haben, ist es sinnlos, mit einer Verantwortung für zwei Prozent des Schadens zu argumentieren. Noch dazu, weil Deutschland historisch gesehen eine ganz andere Verantwortung trägt und es geschafft hat, manche der energieintensivsten Prozesse in ein Land wie China oder den globalen Süden auszulagern. Dem Planeten ist es außerdem egal, wer wann wie viel Dreck in die Atmosphäre befördert hat und noch befördern wird. Der Planet wird irgendwann auf seine Art reagieren, er wählt dabei nicht nach Ländergrenzen aus. Und selbst wenn nicht alle Regionen zur gleichen Zeit von der Monsterwelle getroffen werden, wird es nicht lange dauern, bis wir alle Betroffene sind. Alle Prozentrechnungen der Schuld oder der Zuständigkeit werden aus einer Perspektive aufgemacht, die die Tiefe des Problems nicht anerkennen will.

Bohrlöcher

Hinter dem neuen Krieg in Europa lag auch ein alter Krieg. Darin ging es um eine alte, natürliche Machtdimension, die Russland bisher besessen hatte, die jedoch in Gefahr war, sich aufzulösen. Seit Europa intensiver über Klimaschutz sprach, hatte der Kampf um den schwindenden Wert bedeutsamer fossiler Rohstoffe begonnen. Klaus Töpfer, einer der ersten Umweltminister der Bundesrepublik, war schon früh mit einer diesbezüglichen Warnung zu hören gewesen. Man würde die Russen nicht gerade damit erfreuen, wenn man ihnen dauernd vorrechnete, dass man ihr Gas bald nicht mehr benötigte, sagte Töpfer. Dabei war er nicht gegen Klimaschutz, ganz im Gegenteil. Politisch wäre es seiner Meinung nach jedoch klüger gewesen, Russland mit dem angekündigten allmählichen Rückzug aus dem Gaseinkauf gleichzeitig neue Kooperationen anzubieten, beispielsweise im Bereich der erneuerbaren Energien. Klaus Töpfer hat dies nie als Rechtfertigung für einen brutalen Krieg gesehen. Aber man musste schon blind sein, um nicht zu wissen, dass die russische Wirtschaft ganz wesentlich auf dem Handel mit energetisch nutzbaren Bodenschätzen beruhte. Es wäre ein partnerschaftlicher Akt gewesen, einem Land, auf dessen Rohstoffe man sich jahrzehntelang als Schlüssellieferant verlassen hatte, frühzeitig eine neue wirtschaftliche Perspektive anzubieten.

Seit Jahrhunderten sind wir daran gewöhnt, der Erdkruste Material zu entziehen. Baustoffe wie Gesteine, Sand und Ton, Brennstoffe wie Öl, Gas und Kohle, Edelmetalle wie Gold und Silber, schließlich Erze und unedle Metalle sowie in immer höheren Mengen: »seltene Erden«. Eine Elite aus Pionieren, Ingenieuren, Wirtschaftsführern, Staatslenkern und Rohstoffkonzernen demonstriert damit seit mehr als hundert Jahren und weiterhin, dass sie entschlossen und legitimiert ist, im Sinne der Bretton-Woods-Beschlüsse der 1940er Jahre planetare Ausbeutung zugunsten hoher Gewinne zu betreiben. Allein für die Förderung von Öl wurden bisher 50 Millionen Kilometer an Bohrungen vertikal in die Erdoberfläche gesetzt, was ungefähr der addierten Länge aller asphaltierten Straßen auf dem Globus entspricht. Die Bohrlöcher bleiben für immer dort, wo sie sind, auch wenn die umliegenden Felder längst ausgefördert sind. Würde man diese Bohrungen in der Erdkruste sichtbar machen, dann wäre der Planet mittlerweile in dichter Weise durchlöchert – zu Lande und zu Wasser. Ganz zu schweigen von Tausenden Kilometern ausgeförderter, horizontal liegender Steinkohleflöze sehr tief unter der Erde und teilweise geflutet – im Ruhrgebiet, im Rheinland, in der Lausitz, in Sachsen, in Schlesien, den Großregionen Lódz und Donezk, den Ländern Kolumbien, Kasachstan, Südafrika, Russland, Australien, Indonesien, Indien, den USA und China.

Das Extrahieren von Bodenschätzen zog schon immer die größten Verletzungen der planetarischen Sphären nach sich, vor allem Verschmutzungen und Vergiftungen von Biosphäre, Hydrosphäre und Atmosphäre. Seit den 1940er Jahren steht die massenweise Verbrennung von Öl, Kohle und Gas in strom- und wärmeerzeugenden Kraftwerken, in den Anlagen der produzierenden Industrie sowie in Fahrzeugen in den Listen der Schädigungen des Klimas an erster Stelle. Und seit dem Jahr 2000 weiß eigentlich jedes Kind darüber Bescheid. Die deutsche Kohlekommission wurde unter dem Namen »Kommission für Wachstum, Strukturwandel und Beschäftigung« im Juni 2018 eingesetzt, 18 Jahre nach Paul Crutzens Appellen um die dramatische Lage der Erde und mehr als 30 Jahre nach der Feststellung des menschengemachten Klimawandels. Sie brachte sieben Monate später, im Januar 2019, das Verhandlungsergebnis hervor, welches für das Jahr 2038, also 20 Jahre nach dem Zusammentreten der Kommission und fast 40 Jahre nach Crutzens Appell, ein Ende der Kohleverstromung versprach.

Dabei war die Kohle als wesentlicher Verursacher der Erderwärmung in allen Teilen der Welt, auch in Europa, schon lange zweifelsfrei identifiziert. Zu den besonders schmutzigen Kraftwerken zählen noch immer besonders viele aus Deutschland. Gleich sieben der zehn klimaschädlichsten Kohlekraftwerke Europas standen und stehen weiterhin in unserem Land. Davon arbeitet selbstverständlich keines ohne staatliche Genehmigung. Als größten CO_2-Emittenten identifizierten Analysten im Jahr 2021 den polnischen Energieversorger PGE, dicht gefolgt von RWE und dem tschechischen Konzern EPH, der mehrere Kohlekraftwerke in Deutschland betreibt. Polen und Deutschland waren in den Jahren 2021 und 2022 weiterhin für über 50 Prozent der Emissionen im EU-Stromsektor verantwortlich.

Wenn man Revue passieren lässt, wie lange es allein in Deutschland gedauert hat, eine Vereinbarung zur Kohle zu erringen, obwohl man sich der schweren Belastungen aller Verbrennungsvorgänge für den Planeten schon lange bewusst war, dann muss jetzt, nachdem klar ist, dass mit diesem Stil des Fortkommens kein Klimaziel eingehalten wird, etwas anderes passieren, als weiterhin monate- oder gar jahrelange Diskussionsrunden für Entscheidungen zu verbrauchen. Die Welt kann sich ritualisierte Beratungen ohne eine sehr konkrete Diskussion von Maßnahmenplänen nicht mehr leisten. Dazu sind die Belastungsevidenzen des Planeten inzwischen zu klar und zu massiv.

»Rohstoffe stehen am Beginn jeder industriellen Wertschöpfungskette. Ohne Rohstoffe ist unser Leben nicht denkbar.« So steht es in einem Bericht des Bundesverbands der deutschen Industrie und fast gleichlautend des Bundeswirtschaftsministeriums aus dem Jahre 2020. Deutschland beziehe immerhin zwei Drittel der Baurohstoffe aus dem eigenen Land, heißt es dort stolz, bei Primärmetallen und seltenen Erden sei man jedoch zu 100 Prozent von Importen aus dem Ausland abhängig. Daher sei es enorm wichtig, dass diese Rohstoffimporte »strategisch« (mit anderen Worten: »politisch«) abgesichert werden. Darauf, dass jene importierten Erden und Metalle größtenteils aus den ärmsten Regionen der Welt stammen, wird im Bericht nicht intensiver eingegangen. Bei der Rohstoffsicherung für Deutschland gehe es um »Wachstum, Wohlstand und Arbeitsplätze«, heißt es weiter, und um die Herstellung von Produkten »Made in Germany«.

Die Zwangsverpflichtung der Politik durch die Wirtschaft ist bisher ebenfalls eines der größeren Hindernisse beim Fortkommen gegen den Planetenverfall. Und genau an diesem Punkt wird es jetzt, im Bemühen um eine »grüne Wirtschaft«, noch schwieriger. Hinter den Worten des mächtigen deutschen Industrieverbands über die Importabhängigkeit der deutschen Industrie steht bisher eine Rohstoffstrategie, mit der Deutschland und Europa ihre Lieferländer sowohl wirtschaftlich wie auch ökologisch ausnutzen. Sloterdijk prophezeit, dass man die Rohstofflieferanten der Welt wie auch die sie unterstützenden politischen und wirtschaftlichen Praktiken einst der »Extraktionsverbrechen« anklagen und verurteilen wird.

Konkret stellt sich das Bild wie folgt dar: Vor allem die für die Vergrünung der Energienutzung, die steigende Digitalisierung und den Erhalt von Lebensstandards des Westens dringend benötigten metallischen Rohstoffe werden unter prekären Arbeitsverhältnissen und zu Niedrigpreisen von Minenarbeitern im globalen Süden und in Ostasien aus den Gesteinen geholt. Sie werden den dortigen Minenbetreibern zu äußerst günstigen Preisen abgekauft und dann nach Europa importiert. Je höher der Verbrauch dieser Stoffe, desto größer nicht nur das wirtschaftliche Ungleichgewicht, sondern desto verheerender auch die Klimaschäden, die in den Lieferländern durch den Abbau entstehen.

Seltene Metalle

Bis spätestens 2050 muss die Nutzung fossiler Brennstoffe in allen Staaten der Welt eingestellt werden. Zum Januar 2021 sind auch die Vereinigten Staaten dem völkerrechtlichen Übereinkommen von Paris wieder beigetreten. Ob das Jahr 2050 als Endpunkt aller Emissionen zeitig genug ist, um eine Heißzeit auf der Erde zu verhindern, erscheint inzwischen fraglich. Der Zeitpunkt ist ohnehin zweitrangig. Entscheidend ist das noch verbleibende Restbudget an CO_2. Doch das Ziel von maximal 1,5 Grad globaler Erwärmung bis 2050 steht für alle Länder der Erde fest. Unausgesprochen ist dieses Ziel immer unter der Prämisse verstanden worden, dass Konsumreduktion oder sogar -verzicht als Option ausgeschlossen werden. Um wenigstens noch näherungsweise unter der 1,5-Grad-Schwelle zu bleiben, wird den europäischen Regierungen insoweit gar nichts anderes übrig bleiben, als einen radikal beschleunigten Ausbau erneuerbarer Energien sowie klimaneutraler Mobilität zu erreichen. Die dafür notwendige technologisch-ökologische Wende wird für einen ins Extrem gesteigerten Abbau von Mineralen, Metallen und seltenen Erden sorgen, die in Westeuropa nirgendwo mehr in größerem Maßstab geborgen werden. Um ausreichende Importe für ihre Länder zu erreichen, reisen schon jetzt Minister, Kanzler, Premierminister und Präsidenten fleißig in die Lieferländer der Südhalbkugel und nach China. Ihr Ziel ist es, bestehende Lieferverträge für ihr Land maximal auszuweiten und abzusichern. Soweit bekannt, sind dabei bisher keine umweltschonenderen Abbaumethoden vorgesehen.

Die oft unter der Überschrift der Wahrung des »Wohlstandsversprechens« unternommenen Reisen der Politik zusammen mit Wirtschaftsdelegationen klingen in ihrem Gestus oft wie aus der Zeit gefallen. Im Kontext der Nachkriegsjahre mögen der Begriff und das Konzept des »Wohlstandsversprechens« noch erklärbar gewesen sein. Im Jahre 2023, also im Gegenlicht einer immer schärferen Klimakrise, erscheint das ewige Versprechen immer weiterer Wohlstandsmehrung für ein Land, das bereits mit sehr viel Wohlstand gesegnet ist, als eine überzogene Formel. Zumal die dafür notwendigen Abmachungen auf Kosten der Bewohnbarkeit des Planeten gemacht werden. Für eine Nation und einen Kontinent, die sich der ökologischen Verantwortung verschrieben haben, müsste dieser Vorsatz zudem auch im Hinblick auf ihre Lieferländer herrschen. Wenn man die Verhältnisse jedoch näher betrachtet, unter denen die begehrten Rohstoffe bisher gehoben und erstverarbeitet werden, erscheint der Tausch gegen eine Wohlstandsmehrung der Vorteilsnehmer als maligner Akt.

Der globale Rohstoffabbau von Metallen, der für das sogenannte Wohlstandsversprechen Europas notwendig ist, stellt einen der ökologisch und sozial heikelsten Wirtschaftsbereiche der Welt dar. Es ist nicht überraschend, dass man ihn seit dem Beginn des 20. Jahrhunderts aus Europa weggehalten hat. Durch die in den kommenden Jahren immer stärker werdenden Importabhängigkeiten einiger wichtiger Industriebereiche werden diese in den nächsten Jahren zunehmend diskutiert werden. Vieles, was wir an Rohstoffen in der neuen, grünen Technologie im Tausch für die klimazerstörenden Verbrennungsverfahren einsetzen wollen, hinterlässt bis heute giftige Abfälle, zerstört Bio- und Hydrosphäre sowie unwiederbringlich die Fauna und Flora ganzer Landstriche in den Abbauländern.

Während die zum Aufbau der »alten« fossilen Infrastruktur notwendigen Rohstoffe auf wenige mineralische Produkte wie Beton, Stahl und Kupfer sowie einige Metalle für Legierungen beschränkt waren, sieht es gerade bei den modernen sogenannten »ökologischen« und digitalen Technologien ganz anders aus. Allein bei den Energiewende-Technologien kommt eine Vielzahl von neuen Mineralien, chemischen Elementen und Verbindungen zum Einsatz, deren Abbau und Produktion sich bisher wesentlich auf China konzentriert. In kleineren Mengen wird auch aus verschiedenen Staaten Südamerikas und Südafrikas importiert. Die Lieferungen von außerhalb Chinas sollen im Zuge der Diversifizierung von Importländern jetzt massiv ausgebaut werden. Der forcierte Rohstoffabbau kritischer Metalle führt für Europa einerseits erneut in kritische Abhängigkeiten; in den ausgewählten Abbauländern geht er außerdem mit verheerenden terrestrischen Schädigungen einher. In Peru, einem der zukünftig wichtigsten Lieferländer von Kupfer, geht es in den Minen ähnlich katastrophal zu wie in der Region von Baotou, China, wo unter abenteuerlichen Umständen seltene

Erden gefördert werden. Medizinische Untersuchungen von NGOs ergaben, dass mittlerweile zehn Millionen Peruaner*innen mit Schwermetallen belastet sind. Sie wohnen oder arbeiten in den Gegenden der offenen Abbauminen.

Aus gängigen Studien wird deutlich, dass allein durch die bisher gesicherten Zusagen der Regierungen für das Pariser Klimaabkommen der Gesamtbedarf an Metallen für eine klimaneutrale Energieerzeugung von etwa 40 Millionen Tonnen im Jahr 2018 auf 95 Millionen Tonnen im Jahr 2050 ansteigen wird. Diese Zusagen begrenzen die globale Erwärmung jedoch nur auf 2,8 Grad. Um 1,5 Grad zu erreichen, wären nach aktuellen Berechnungen etwa 180 Millionen Tonnen der begehrten Metalle und Erden notwendig, also eine Verfünffachung des heutigen Niveaus, wie aus dem Zukunftsreport Wissenschaft 2022 der Leopoldina hervorgeht. Die Deutsche Rohstoffagentur gibt an, dass sich allein der für die stärkere Elektrifizierung notwendige Kupferbedarf bis 2035, also in etwa zehn Jahren, verdoppeln wird. Alle bergmännischen Abbauverfahren für Metalle verbrauchen neben viel Energie auch extrem viel Wasser. Dennoch finden sie oft in Landstrichen mit Wassermangel statt. Um den globalen Bedarf dieser Metalle für den absehbar scharf ansteigenden Ausbau grüner Energieanlagen zu decken, wird man in absehbarer Zeit dazu übergehen, auch den Meeresgrund als Ressourcenquelle zu nutzen. Es ist bekannt, dass sich dort reichhaltige Metallvorkommen befinden. Dies wird dann eine weitere kritische Phase des Rohstoffabbaus einläuten. Die Ökosysteme der Meere sind bekanntermaßen besonders empfindlich gegen industrielle Eingriffe.

Neodymabhängig

Die Metalle der seltenen Erden sind heute aufgrund wertvoller Eigenschaften wie Energiedichte, Magnetfähigkeit, Stabilität bei gleichzeitiger Dehn- und Formbarkeit sowie ihrer elektronischen, optischen und katalytischen Aktivierungskräfte nicht mehr aus der Technosphäre wegzudenken. Es gibt keine Zukunftstechnologie, die aktuell darauf verzichten kann. Ansonsten wären sämtliche Wende-Ideen, seien sie ökologisch oder digital, nicht mehr umsetzbar, weder der Ausbau erneuerbarer Energieanlagen noch die Entwicklung der Elektromobilität, der Bau von Energiespeichern, der Ausbau und die Digitalisierung der Stromnetze, die Produktion neuer Smartphones, Laptops, Elektroautos oder Roboter. Die massiven Abhängigkeiten von Europa in Richtung Asien werden seit Beginn des russischen Angriffskriegs mit ganz anderen Augen gesehen. Sie bestehen seit Langem, haben sich seit Beginn des Krieges jedoch noch einmal verstärkt. Einige für Europa wichtige Metalle wie Palladium oder Nickel wurden bisher wesentlich aus Russland importiert. Sie kommen inzwischen zusätzlich zu den zahlreichen anderen Rohstoffen ebenfalls wesentlich aus Asien. Mit dem Hochlauf der grünen Transformation und dem Fortschreiten der Energiewende in ganz Europa werden diese Abhängigkeiten schnell weiter zunehmen.

Eine besonders kritische Relation besteht heute bei wichtigen Rohstoffen für PV-Panels (hochreines Silizium, aber auch Silber, Indium und Spezialglas), für Permanentmagnete beim Einbau in Windturbinen (Neodymium), für Fahrzeug- und Großspeicherbatterien (Lithium, Kobalt, Graphit, Nickel etc.), für Brennstoffzellen und Wasserstoffelektrolyseure (Platin) sowie für Stromleitungen und Kabel (insbesondere Kupfer, das bis zum Jahr 2050 in einer Menge verbraucht werden wird, die den gesamten Kupferbedarf der Zeitspanne zwischen 1900 und 2021 überschreitet). Eine ähnlich prekäre Rohstoffsituation für einige derselben seltenen Erden und Metalle gilt gleichzeitig für Smartphones, Flachbildschirme, Elektromotoren und sogar für Energiesparlampen und LEDs.

Nicht vergessen werden darf darüber hinaus, dass in jedem Personenkraftwagen mehrere hundert Kilogramm Aluminium und Stahl stecken. Diese beiden Metalle machen den mit Abstand größten Teil an sogenannten Konstruktionswerkstoffen aus. Ihre Herstellung aus den Erzen Eisen und Bauxit ist äußerst energieintensiv. Die weltweite Stahlproduktion hat bis 2015 etwa zehn Prozent der globalen Erwärmung verursacht, der Aluminiumsektor ist für etwa drei Prozent verantwortlich. Beide Metalle beziehen wir ebenfalls zu weit überwiegenden Teilen aus China, zu kleineren Kontingenten aus Indien und Russland.

Im Hinblick auf die ökologischen Verhältnisse beim Abbau von seltenen Erden herrschte bisher eine relativ große Unbekümmertheit bei den Unternehmen vor, die sie einsetzen. Permanentmagnete beispielsweise, die man nicht nur für Windturbinen sondern auch für die verschiedensten anderen Anwendungen der Mobilität benötigt (vom Motor über den Scheibenwischer bis zur elektrischen Sitzverstellung) waren lange einfach eine günstige Handelsware. Die stärksten unter den Magneten werden aus Eisen, Neodym und Bor hergestellt. Für eine leistungsstarke Windenergieanlage benötigt man bis zu vier Tonnen dieser besonders haltbaren Magnete, da sie die ehemals eingebauten, noch schwereren Getriebe der Turbinenanlagen komplett ersetzen. Aus allen Drehvorgängen in Großanlagen, Geräten und Produkten sind Permanentmagnete jeglicher Größe und Stärke heute nicht mehr wegzudenken. Da China seit Jahren massiv in seine Rohstoffminen investiert, sich aber auch in weitergehenden Schritten der Magnetproduktion engagiert, sind mittlerweile größere Teile der Wertschöpfung bis hin zu Zwischenprodukten dort gelandet. In Deutschland gibt es dagegen keinen einzigen Lehrstuhl mehr für das Feld der modernen Magnetwissenschaften.

Durch neue geopolitische Verhärtungen und eine wiedererstarkte Blockbildung zwischen dem globalen Osten und Westen in Folge des Ukraine-Krieges wächst die Rat- und Hilflosigkeit Europas in Bezug auf seine massiven Abhängigkeiten bei seltenen Erden und technischen Vorprodukten, die uns mit China verbinden. Erste vorsichtige nationale Diskussionen zu diesem Problem sind inzwischen zu hören. Sie bleiben jedoch oft ohne konkrete Lösungswege. Es wird sehr schwer sein, aus diesen Abhängigkeiten wieder herauszufinden. Das zentrale Schlagwort lautet fast immer: »Diversifizierung der Lieferländer«.

Diversifizierung ist dringend geboten, sie ist jedoch schwierig und frühestens mittelfristig zu erreichen. Auch löst sie weder die bestehende wirtschaftliche Asymmetrie in Beziehung zu den Lieferländern auf noch die dort auftretenden Umweltprobleme. Mit dem Schwenk auf andere Abbauländer werden nicht automatisch bessere ökologische Standards erreicht. Denn bisher gibt es, soweit allgemein bekannt, keine Methoden für einen umweltfreundlicheren Abbau, der gleichzeitig niedrige Preise garantiert. An die Preisgünstigkeit hat man sich jedoch, wie beim Gas, auch für diese Güter bereits lange gewöhnt. Im Grunde zementiert gerade die hohe Abhängigkeit von günstigen Preisen wieder den Status quo. Umweltschädlichkeit wie auch Ressourcenintensität, die mit der Förderung von Metallen und seltenen Erden einhergeht, sind, zusammen mit billiger Arbeitskraft, ein ursächlicher Grund dafür gewesen, sie einstmals aus Europa auszulagern.

Gemahlener Stein

Die Gewinnung aller in der Erdkruste vorkommenden Metalle und seltenen Erden ist energieintensiv, wasserintensiv und mit dem Einsatz hochtoxischer Stoffe verbunden. Dieselben Giftstoffe wurden früher in Deutschland auch für den Kohleabbau unter Tage und vor allem für die Gewinnung von Kokereigas verwendet, allerdings in weit geringerem Maße. Für Arbeiter, die heute in entsprechenden Minen oder offenen Abbaufeldern arbeiten sowie für Personen, die in den Regionen des Abbaus leben, hat die Förderung oft katastrophale gesundheitliche Folgen. Der Abbau seltener Erden ist darüber hinaus landschaftlich extrem invasiv.

Bei den sogenannten »seltenen Erden« handelt es sich um 17 Metalle, die oft gemeinsam mit anderen Erzen und nur in geringen Einzelmengen in der Erdkruste vorkommen. Sie treten als minimale Spuren im festen Verbund mit ganz anderen Mineralen in harten Gesteinen auf. Mit ihrem Abbau treten auch radioaktive Stoffe aus. Seltene Erden sind auf dem Planeten eigentlich nicht selten zu finden, auch in Europa gibt es sie an vielen Stellen. Ihr Abbau ist jedoch extrem aufwendig und ökologisch risikoreich. Gängige Abbaumethoden ökologisch massiv zu verbessern, ist gleichsam die Grundvoraussetzung, um den Weg, den wir beschreiten, überhaupt weiterzugehen.

Beim Auslösen der meisten seltenen Erden aus sehr hartem Gestein wird der Fels zunächst gesprengt, der Stein dann zerkleinert und immer weiter gemahlen. Danach werden in hohen Mengen toxische Säuren benötigt, mit denen die seltenen Erden als Spurenelemente aus den Gesteinsresten herausgewaschen werden. Das Gift vermischt sich mit vorbelastetem Schlamm und Gesteinsabraum, es bleibt nach dem Herauslösen der Bodenschätze in künstlichen Teichen oder tiefen Kratern einfach im Abbaugebiet zurück. Die Landschaft gleicht nach dem Abbau einem Geröllfeld mit Giftabraum und riesigen toxischen Seen, gesamte Landstriche sind für immer biologisch tot. Die Giftteiche, die meist ohne hydrologische oder biologische Kontrollen bleiben, sind in gefährlichem Maße gesundheitsschädlich, nicht nur durch etwaige Verschmutzungen des Grundwassers, sondern auch durch Verwehungen, die sowohl alle umliegenden menschlichen Ansiedlungen wie auch andere Lebewesen erreichen. Zudem tritt aus den Geröllhalden Radioaktivität aus, da viele Erze seltener Erden zusätzlich radioaktive Substanzen enthalten. Weil die Rohstoffversorgung der Welt eine Sache der Privatwirtschaft ist, mischen sich Staaten bisher selten in die Fördermethoden ein.

China verfügt über weit mehr als 80 Prozent der Verarbeitungsanlagen für seltene Erden. Es kann davon ausgegangen werden, dass das Land die Abhängigkeit seiner Kunden auch gegen sie einsetzen könnte. Daher steigt man inzwischen auch an anderen Orten der Erde wieder in die Förderung ein. Die USA hat ihr altes und wichtigstes Bergwerk in Kalifornien reaktiviert, sie fördern außerdem Abbauprojekte in Australien, Kanada und Grönland. Die EU investiert in Projekte in Serbien sowie der Ukraine und neuerdings in Schweden. Man hofft, dort in zehn bis 15 Jahren mit der Förderung beginnen zu können. Auch in Brasilien, Norwegen und Deutschland ist die Aktivierung von Minen wieder im Gespräch. Doch alle neu geplanten Projekte benötigen rund ein Jahrzehnt und mehr der Entwicklung, ehe dort mit dem Abbau begonnen werden kann. Die Umweltstandards müssen dringend angehoben werden, sonst vergrößern sich die toten und ökologisch belasteten Gebiete der Erde durch den steigenden Abbau immer weiter.

Giftseen

Immer wieder ist es beim Abbau von seltenen Erden und Edelmetallen in der Vergangenheit zu Dammbrüchen und Lecks aus den Tagebauen gekommen, die schwerwiegende ökologische und soziale Folgen nach sich ziehen. Die beim Abbau der seltenen Erden, aber auch bei der Förderung von Gold und Silber verwendeten Zyanide (auch Caliumzyanid oder Zyankali genannt) sind Salze in Verbindungen mit Blausäure. Auch hochtoxische Ammoniumsulfate sowie arsenhaltige Stoffe werden für das Auswaschen aus den Gesteinen verwendet. Benötigt werden Zyanide in großen Mengen auch zur Härtung von Stahl und in Kokereien. In Verbindung mit Schwermetallen ist Zyanid jedoch nur gering toxisch, die Giftigkeit für Mensch und Tier liegt in der Freisetzung der Blausäure bei Reaktion mit Flüssigkeiten, zum Beispiel der Säure des Magens. Blausäure ist ein hochwirksames Gift, das die Zellatmung blockiert. Da das radioaktive Thorium in den gleichen Mineralien wie die seltenen Erden zu finden ist, leitet man es als Abfallprodukt ebenfalls in den jeweiligen Laugensee.

Beispiele für Austritte des Gifts aus den Abbauzentren sind inzwischen überall belegt, auch in Europa und den USA. Am Abend des 30. Januar 2000 hatte es beispielsweise in einem Goldbergwerk im Norden Rumäniens in der Folge schwerer Regenfälle einen Dammbruch des Zyanidsees gegeben, der zu einer Umweltkatastrophe führte. Mehr als 100 000 Kubikmeter mit Schwermetallen versetzte Zyanidlauge überflutete die angrenzenden Areale. Die giftige Lauge gelangte über kleinere Bäche und Flüsse in Theiß und Donau. Sie führte dort zu einem massiven Fischsterben, mehr als 1 000 Tonnen Fische verendeten. Beim Überquellen über die Ufer des Sees floss das Gift auch über Wassergräben und vergiftete das gesamte Trinkwasser und den Erdboden. Entlang der Theiß in Ungarn wurde die Existenzgrundlage einiger Hundert Fischer vernichtet. In ungarischen Städten wurde die Trinkwasserversorgung unterbrochen.

Aus Untersuchungen geschädigter Böden unter ehemaligen Kokereien im Ruhrgebiet weiß man, dass nicht in Eisen gebundene Zyanid-Konzentrationen nicht mehr zu entfernen sind. Man schätzt, dass sie bis zu 1000 Jahre im Grund verbleiben. Einträge in das Grundwasser sind in Deutschland heute praktisch ausgeschlossen, da die vergifteten Erdmassen rasch abgetragen wurden und inzwischen auf Deponien gelagert werden. Daher können die Gifte nicht mehr in den Grundwasserfuß gelangen. Einträge aus den Deponieflächen in die Luft sind jedoch auch bei uns gefährlich. Daher müssen zyanidhaltige Deponien in Deutschland mittlerweile sorgfältig abgedeckt werden.

Seit Jahren wird in den rumänischen Karpaten über den Abbau großer Gold- und Silbervorkommen unter einer Gruppe von denkmalgeschützten Gebirgsdörfern gestritten. Die Dörfer sollen geräumt, ein größeres Gebiet aus Häusern, Felsen und Wäldern soll weggesprengt, die darunter liegenden Edelmetalle ausgelaugt werden. Zurückbleiben soll ein riesiger, 185 Meter tiefer Zyanidsee samt einer vergifteten Krater- und Gerölllandschaft. Frühere rumänische Staatsregierungen hatten einer kanadischen Bergbaufirma die Schürfrechte in dieser Region zuerkannt, die den rumänischen Staat inzwischen auf Erfüllung ihrer Verträge verklagt.

Im Westen der Mongolei, in der Nähe der Zwei-Millionen-Stadt Baotou, befindet sich ein zwölf Kilometer langer Auffangsee, der »See der seltenen Erden« genannt wird. In den vergangenen Jahren haben sich dort vermutlich 150 Millionen Tonnen schlammiger und giftiger Abraum angesammelt. Ein Teil des pulverigen Abraums ragt aus dem See heraus und wird vom Wind auf die Äcker der Bauern zerstreut. Seit den 1980er Jahren klagen die Bauern darüber, dass ihre Pflanzen nicht mehr wachsen und Kühe, Schweine, Pferde und Ziegen von den Folgen der Giftstoffe missgebildet sind oder an ihnen sterben. Ohne Sickerungsdichtung kann das Grundwasser radioaktiv und chemisch verseucht werden. Der See liegt zwölf Kilometer vom Stadtzentrum Baotous und zehn Kilometer vom Gelben Fluss entfernt. Im Sommer, wenn es viel regnet, fließt das Wasser aus dem Seltene-Erden-See in den Gelben Fluss, eine wichtige Wasserader für ganz Nordchina. Wenige Kilometer von der Kloake entfernt lagen bis vor Kurzem mehrere Dörfer, die wegen einer hohen Zahl an Krebstoten den Namen »Krebsdörfer« erwarben. China ist inzwischen dazu übergegangen, Teile seiner Minen in die rohstoffreichen Uigurengebiete und das benachbarte Myanmar umzusiedeln, wo ebenfalls größere Vorkommen seltener Erden zu finden sind.

Wenn man an die enormen Mengen an metallischen Materialien denkt, die im Laufe einer dreigleisigen Transformation im Energiebereich (Strom, Wärme, Mobilität) notwendig sein werden, kann man auf den Gedanken kommen, dass der Versuch, sich aus der klimaschädlichen fossilen Industrie zu befreien, nur andere ökologische Probleme für den Planeten aufwirft. Ein Weg vom Regen in die Traufe, auch für das so sehr herbeigewünschte »grüne Wachstum«, ist nicht wünschenswert, vor allem nicht, wenn sich die Prognosen von OECD und Weltbank aus dem Jahr 2020 bestätigen, nach denen sich der Mineralienverbrauch im Zusammenhang mit den Klimazielen um mindestens 100 Prozent, in einigen Fällen sogar um 1 000 Prozent erhöhen wird.

Jedoch liegen die direkten Emissionen, die bei der Extraktion von Mineralen und Metallen gemessen werden, nach allem, was man bisher weiß, lediglich bei sechs Prozent derjenigen Emissionen, die die Nutzung fossiler Brennstoffe erzeugt. In diesen Rechnungen sind allerdings weder der Wasserverbrauch noch die Landzerstörung noch Gesundheitsgefährdung und Tod der Tiere und Menschen rechnerisch berücksichtigt. Das Lieferkettengesetz wird die Diskussion über diese Sachverhalte verstärken. Als Hauptabnehmer der seltenen Metalle ist es für Europa unerlässlich, den Lieferländern rasch einen ökologischeren Abbau zu ermöglichen beziehungsweise ihn von den dort arbeitenden Rohstoffkonzernen einzufordern. Daneben sollte bei aller Euphorie über die grüne Transformation immer klargemacht werden, dass es auch um Effizienzstrategien gehen muss. Die Zahl der Anlagen für grünen Strom ist nicht unendlich erweiterbar, die Anlagen sind vorläufig nicht ohne Nebenwirkungen zu bauen. Die Menschheit muss lernen, viel stärker auf Energiesparsamkeit zu achten.

Gleichermaßen ist es zwingend, die sozialen und gesundheitlichen Standards für die in den Minen arbeitenden sowie die in der Umgebung der Minen wohnenden Menschen massiv anzuheben und zu kontrollieren. Und schließlich ist es unabdingbar, die Verwüstung und Zerstörung der Landschaft zu beenden und so weit wie möglich wieder in Ordnung zu bringen. In Europa ist die Kreislaufwirtschaft, wissenschaftlich begleitet, industriell massiv anzuschieben und der Rohstoffbedarf durch technische Effizienzverbesserungen der im Westen verbauten Anlagen und Geräte wesentlich zu verringern. Genau das wäre das Versprechen, das ein Kontinent wie Europa in Sachen Rohstoffen zu leisten hat.

Abholzung

Anders als seltene Erden kommen wichtige mineralische Rohstoffe vielfach auch in den tropischen Regenwaldgebieten vor. Darunter sind Bauxit, Eisen, Zinn, Nickel, Kupfer, Tantal, Gold und Diamanten. Auch bei diesen Abbauvorgängen werden toxische Chemikalien verwendet. Zur Vorbereitung des Abbaus werden in den Wäldern des Amazonasgebietes großflächig Böden abgetragen und darauf vorhandene Waldflächen zerstört. In Bezug auf die Entwaldung des Planeten zur landwirtschaftlichen Nutzung spielen Afrika und Asien flächenmäßig eine noch größere Rolle, jedoch schlucken die Amazonasregenwälder in einem normalen Jahr allein zwei Milliarden Tonnen CO_2. Insgesamt werden Bergbauaktivitäten für sieben Prozent der Entwaldung aller tropischen Wälder verantwortlich gemacht. Im brasilianischen Amazonas sind es neun Prozent. Den Löwenanteil an der Zerstörung von Waldflächen stellt nach wie vor die Landwirtschaft dar. Ein größerer Teil der Entwaldung gerade im Bergbau ergibt sich durch den Bau von Straßen und Siedlungen in der Nachbarschaft der Minen. Auch weiterverarbeitende Industrie siedelt sich dort an. Insgesamt dringt der Mensch durch den Abbau der Rohstoffe immer weiter in bisher unerschlossene Waldgebiete vor.

Die Rodung des Amazonasgebietes bedeutet einen massiven Eingriff in eine der klimatisch wichtigsten und sensibelsten Zonen der Welt. Dabei entspricht der Amazonas-Wald in seiner Ausdehnung der Fläche von ganz Westeuropa. Rund 20 Prozent der Waldfläche sind bereits durch menschliche Eingriffe – im wesentlichen Abholzung und Brandrodung – verschwunden. Da der Wald bisher riesige CO_2-Mengen speicherte, hat er eine Schlüsselrolle für das Weltklima und durch seine immense Ausdehnung auch für den Erhalt der Artenvielfalt. Sein Kollabieren stellt einen der von der Klimaforschung definierten großen Kipppunkte dar, dessen Überschreiten Kaskadeneffekte in der Erderwärmung in Gang setzen kann. Forscher vermuten, dass das Amazonasgebiet ab einem Walddeckenverlust von mehr als 25 Prozent zu versteppen beginnt und sich dann langsam in eine Wüste verwandeln wird. Jair Bolsonaro, von Januar 2019 bis Dezember 2022 gewählter Präsident Brasiliens, sah im Amazonaswald gleichwohl ungenutztes Wirtschaftspotenzial für sein Land. Unter seiner Herrschaft fanden bis zuletzt massivste Abholzungs- und Brandrodungsmaßnahmen statt, die die Widerstandskraft der Amazonaswälder weiter geschwächt haben.

Die politischen Maßnahmen der Weltgemeinschaft zum Schutz der Regenwälder sind ungenügend. Ein rascher Stopp der Abholzung müsste oberste Priorität aller Weltklimapolitik sein. In den vergangenen Jahren haben die Amazonaswälder durch großflächige Brandrodung und Holzfällungen bereits mehr CO_2 ausgestoßen, als sie einsammelten. Man wird die Abholzung jedoch nur stoppen können, indem die Weltgemeinschaft den Ländern ihre dadurch entstehenden Ertragsausfälle ersetzt.

Plastik-Planet

Die Meere und ihre Flora und Fauna sind in einer Krise. Sie sind überhitzt, zu laut und zu schmutzig. Zu viele Schiffe, die auch in Schutzgebieten herumfahren, maßlose Überfischung, aggressiver Rohstoffabbau und Plastikflut. Ganz gleich, ob sich der Plastikmüll an der Wasseroberfläche, an Stränden, in Flüssen oder auf dem Meeresgrund befindet: Er verletzt die Hydrosphäre der Erde durch Verunreinigungen und bedroht oder beeinträchtigt gegenwärtig rund 2 250 marine Arten. Inzwischen hat ein britisches Forscherteam eine neue, speziell durch Plastikteile verursachte Krankheit bei Seevögeln entdeckt, die »Plastikose« (»plasticosis«) genannt wird. Die Vögel leiden an einer zum Teil dauerhaften Entzündung des Verdauungstrakts, die statt durch Viren oder Bakterien durch kleine Plastikteile ausgelöst wird. Die Entzündungen seien lang anhaltend und träten wiederholt auf, was zu Vernarbungen und Verformungen im Gewebe der Tiere führt, die das Wachstum beeinträchtigen und oft deren Tod bedeutet. Bereits bei Küken könne die Krankheit bewirken, dass die Vögel verhungern. Plastikpartikel werden inzwischen in den Mikroorganismen von 2 600 Tier- und Pflanzenarten nachgewiesen. Auf Helgoland enthalten mittlerweile 97 Prozent der Basstölpel-Nester Kunststoffreste. Plastikose kommt mutmaßlich nicht nur bei Vögeln, sondern auch bei anderen Tieren vor, sagen die Forscher aus London. Die jetzt entdeckte Vogelkrankheit sei wahrscheinlich nur die »Spitze eines Eisbergs«.

Von den fünf großen Plastikmüllwirbeln auf unseren Meeren liegt der größte im Pazifik zwischen Hawaii und Kalifornien. Der kreisförmige Müllwirbel oder »Gyre« wird gelegentlich auch als siebter Kontinent der Erde oder »Great Pacific Garbage Patch« bezeichnet. Er bedeckt inzwischen eine Wasserfläche von 1,6 Millionen Quadratkilometern, was der zweifachen Ausdehnung des Staates Texas oder der viereinhalbfachen Fläche Deutschlands entspricht. Schätzungen zufolge bringt er zwischen 50 000 und 130 000 Tonnen Plastikmüll auf die Waage und liegt an der Konvergenzzone zweier Meeresströmungen. Plastikabfälle, die an der Wasseroberfläche treiben, können mithilfe der Strömungen des Wassers enorme Entfernungen zurücklegen. Da sich Plastikmüllteile mit der Zeit durch UV-Strahlung und die Anlagerung von Bakterien in Mikroplastik zerlegen und daraus folgend in tiefere Gewässerschichten absinken, werden sie nicht mehr aus den Meeren zu entfernen sein. Vom Plastikmüll in den Ozeanen verbleibt nur der kleinste Teil an der Oberfläche der Gewässer zurück, der größte Teil sinkt herab, in die Nähe oder auf den Meeresboden. An den Mikropartikeln setzen sich auf ihrem Weg von den Müllhalden durch die Gewässer verschiedenste Arten von Schadstoffen fest, die toxische Gefahren für Meereslebewesen und Wasservögel darstellen. Seevögel verenden an Handyteilen in ihren Mägen, Schildkröten und Fische halten Mikroplastik für Plankton oder Plastiktüten für Quallen.

Woher kommt der überbordende Plastikmüll? Waren wir in Deutschland und Europa nicht längst zu Recycling-Weltmeistern geworden? Die globalen Zahlen sprechen eine ganz andere Sprache. Nur neun Prozent des auf der Erde verbrauchten Plastiks werden recycelt, der Rest, also 91 Prozent, wird entweder verbrannt (12 Prozent) oder landet auf Müllhalden (79 Prozent) und schließlich im Meer. Probleme im Recycling stellen zu einem großen Teil die unterschiedlichsten Kombinationen von Materialien und Plastikarten in einer einzigen Verpackung dar, die erst umständlich auseinandergenommen werden müssten, bevor man recyclingtechnisch etwas damit anfangen kann. Also werden sie verbrannt. Aber auch der geringere Preis der Herstellung von Neuverpackungen im Vergleich zum Recycling verhindert, dass es zu einer zweiten Benutzung von Rezyklaten kommt. Ebenso die bis zu 10 000 Chemikalien, deren Zusammensetzung die Hersteller oft nicht offenlegen.

Plastik hat seit der Mitte des 20. Jahrhunderts Alltagsgegenstände aus Porzellan, Glas, Papier und Stoff in rasantem Tempo ersetzt. Die Industrie wehrte sich mit Erfolg gegen Pfandsysteme, weil sie nicht so einfach und vor allem nicht so preiswert zu organisieren sind wie eine stets neue Kunststoffproduktion von Flaschen, Bechern und anderen Behältnissen. Auch im Alltagsgebrauch ist Porzellan oder Glas zur Aufbewahrung längst unmodern geworden. Vor allem weil der Mensch ständig unterwegs ist. Die seit zehn Jahren scharf angestiegene Herstellung von Primärkunststoffen für die Einmalverpackung von Nahrungsmitteln, deren Verfallszeit nach nur einmaligem Gebrauch dennoch 500 Jahre beträgt, ist bedrückend. Der größte Teil der Plastikflaschenproduktion geht nach wie vor auf die Rechnung der Firma Coca-Cola. In der produzierten Menge an Kunststoff holt seit zwei

Jahrzehnten der Textilsektor auf. Kunststofffasern aus T-Shirts, zum Beispiel Fußballtrikots, überleben ebenfalls bis zu 500 Jahre und landen zunehmend im Meer.

Zwei Zahlen fassen das Ergebnis dieser Entwicklung zusammen: 1950 wurden weltweit knapp zwei Millionen Tonnen Kunststoffe produziert, heute beträgt die jährliche Produktion 430 Millionen Tonnen. Sie ist also um mehr als das 200-Fache gestiegen. Plastik ist lächerlich billig herzustellen, es ist leicht, vielseitig und vor allem extrem unempfindlich und langlebig. Das macht es so gefährlich. Beim jahrhundertelangen Zerfall werden Schadstoffe abgegeben und es bleiben winzige Teile übrig – das bekannte Mikroplastik –, also Plastikteile, deren Größe kleiner als fünf Millimeter ist. Sie befinden sich mittlerweile in jedem Ackerboden, jedem Gewässer, ebenso im ewigen Eis der Polarregionen. Jeder Mensch nimmt pro Woche im Durchschnitt rund fünf Gramm Mikroplastik zu sich, beschreibt die australische Forschergruppe Dalberg Advisors für den WWF, denn Mikroplastik ist in Kosmetik, im Essen, im Wasser, in der Luft und vor allem in Getränken enthalten. Fünf Gramm Mikroplastik entsprechen etwa dem Gewicht einer Kreditkarte. Mikroplastik kommt durch ausgebrachten Klärschlamm sogar auf die Äcker. Selbst in Honig und Milch wurde Mikroplastik nachgewiesen.

Es gilt als wahrscheinlich, dass Mikroplastik in die inneren Organe gelangt und dort körperliche Abläufe beeinträchtigt. Hinzu kommen besonders gefährliche chemische Substanzen, die als Weichmacher, UV-Stabilisatoren und Flammschutzmittel in den Herstellungsprozessen verwendet werden. Der Weichmacher »Bisphenol A« beispielsweise stört den Hormonhaushalt und kommt in einer Vielzahl konservierter Lebensmittel, aber auch in Plastikhaushaltsgegenständen, in Kinderspielzeug und allerhand anderen Verpackungen vor. Neben den für alle Kunststoffe verwendeten Primärrohstoffen Öl, Gas und Kohle, die durch ihre Verbrennung für den Klimawandel verantwortlich sind, wird Bisphenol A als chemischer Grundstoff zur Herstellung des besonders haltbaren Polycarbonats verwendet. Bisphenol A steht im Verdacht, sowohl Krebs auszulösen wie auch die Zeugungsfähigkeit zu beeinflussen.

In Deutschland hat sich der Plastikmüll seit 1994 pro Person verdoppelt und beträgt pro Kopf und Jahr mittlerweile 76 Kilogramm. Davon sind knapp 40 Kilogramm Verpackungsmüll. Keine große ökologische Hilfe ist der in Deutschland früher so hochgelobte Grüner-Punkt-Müll. Die offizielle deutsche Reyclingquote von Plastikabfall liegt zwar bei 45 Prozent, jedoch gelangen nur etwa 15 Prozent davon in die Wiederverwertung und nur drei Prozent der wiederverwerteten Rezyklate ersetzen wirkliche Neuproduktion an Kunststoff. Die meisten Mengen der in den gelben Tonnen gesammelten Kunststoffverpackungen werden verbrannt oder landen auf Mülldeponien im Ausland. Die Anfang 2023 in Deutschland angeordnete Vorgabe für die Gastronomie, mindestens einen Mehrwegbehälter für To-Go-Artikel vorzuhalten, war nett gedacht, aber sie ist ein Flop. Sie verpflichtet im Grunde zu gar nichts: Kaum jemand hält sich daran, die Mehrwegalternativen werden nicht besonders aktiv angeboten, sondern eher notdürftig im Hintergrund gehalten. Für kleinere Geschäfte, in denen weniger als fünf Beschäftigte arbeiten, entfällt die Vorgabe ohnehin. Deutschland ist nach den USA und Japan der drittgrößte Exporteur von Plastikabfällen nach Asien. Dabei ist der Export von nicht wiederverwertbarem Abfall hierzulande seit dem Jahr 2021 verboten.

Die Plastikplage hat Auswirkungen auf das Klima, auf die Gesundheit der Menschen und auf die biologische Vielfalt im Lebensraum der Meere. Selbst wenn man die Plastikherstellung morgen einstellen würde, wird die jetzige Menge an Mikroplastik weiter zunehmen, weil der in den Meeren und auf Ackerböden angehäufte Plastikmüll immer weiter zerfällt. Doch die chemische Industrie plant, die Plastik-Produktion in den nächsten Jahren weiter zu erhöhen. Forscher rechnen mit einer Vervierfachung des Plastikmülls im Ozean bis 2050, sie erwarten einen 50-fachen Anstieg der Mikroplastikkonzentration bis zum Ende des Jahrhunderts.

Die Produktion von Plastik und Kunststoffen muss dringend eingeschränkt werden. Lediglich 20 petrochemische Firmen zeichnen sich für 55 Prozent der weltweit verwendeten Einwegplastikprodukte verantwortlich. Darunter sind einige der gewinnstärksten Unternehmen der Welt (Exxon auf Platz 1, BASF auf Platz 2). Laut der Internationalen Energieagentur sind petrochemische Produkte inzwischen die Haupttreiber der Globalnachfrage nach Öl, noch vor dem Bedarf von Lastwagen, Flugzeugen und Autos. Das für die Plastikherstellung benötigte Rohöl der Industrie ist jedoch weiterhin steuerfrei und die Energieintensität der Petrochemie befreit diese von Abgaben. Die Politik hätte die Freibeträge längst abschaffen müssen. Zusätzlich wäre allerdings geboten, mit der Industrie in eine konstruktive Auseinandersetzung darüber zu gehen, wie die Plastikflut einzugrenzen ist.

Pfand- und Rückgabesysteme müssten für viel mehr Verpackungen eingeführt werden, Hersteller nach dem Verursacherprinzip für die Rückführung verantwortlich gemacht werden. Auch braucht die EU dringend bindende Abfallvermeidungsziele. Es ist ein international weit verbreiteter Irrglaube, dass wir, solange wir Plastikmüll sauber trennen, nichts an unserem Konsumverhalten ändern müssen. Die Wahrheit ist, dass ein Großteil des Plastikmülls in den Verbrennungsöfen und im Meer bzw. in der Umwelt landet. Die bisherige Recyclingstrategie über die gelbe Tonne ist dabei Teil des Problems, nicht der Lösung. Sie führt gerade nicht zur Vermeidung oder Einsparung im Gebrauch von Kunststoffen.

Einen Hoffnungsschimmer gibt es. Vielleicht. Am 4. März 2023 einigten sich die UN-Mitgliedstaaten in New York nach 15-jähriger Verhandlung und einer letzten 40-stündigen Marathon-Sitzung auf ein Abkommen zum Schutz der Weltmeere. Es sieht vor, dass künftig mindestens 30 Prozent der Meere als Schutzgebiete ausgewiesen werden. Außerdem wurde ein Verfahren festgelegt, um wirtschaftliche Projekte, Expeditionen, die industrielle Überfischung und andere Aktivitäten auf hoher See auf ihre Umweltverträglichkeit und ihre wirtschaftlichen Gewinne hin zu prüfen. Das Abkommen soll die biologische Vielfalt in den Tiefseegebieten unter international verbindlichen Schutz stellen. Umweltministerin Steffi Lemke (Bündnis 90/Die Grünen) sprach von einem »historische[n] und überwältigende[n] Erfolg«. Im Nachgang zu den Freudenausbrüchen über die Vereinbarung hörte man jedoch, dass sich die Staatschefs noch einmal treffen müssen, um eine wirklich bindende Einigung zu erreichen, der mindestens 60 Staaten zustimmen müssen. Da China und Russland dem Abkommen bisher nicht zugestimmt haben und da für Indien und Südafrika ähnliche ablehnende Voten erwartet werden, darf man gespannt sein, was das Abkommen wirklich an Fortschritten bringt.

Auf ähnliche Art und Weise enden bisher viele Vereinbarungen der Vereinten Nationen und ihrer Behörden. Es erscheint manchmal so, als hätten sich die internationalen Organisationen zu einer Parallelwelt entwickelt. Für jedes Problem gibt es mittlerweile eine gesonderte UN-Behörde, ständig werden Konferenzen über Klimaschutz, Artenschutz, Luftverschmutzung oder die Verschmutzung der Meere abgehalten. Dazu gibt es regelmäßig Verhandlungsmarathons mit Hunderten von Teilnehmern. Parallel senden die Medien mal schöne, mal ernste Bilder über den jeweils verhandelten Problemfall in die Welt. Mal sieht man erleichterte Minister*innen, mal Minister*innen mit ernstem Blick und Sorgenfalten auf der Stirn. Doch für den Planeten springt bisher nicht viel aus den Marathon-Konferenzen heraus.

Und genauso ritualhaft werden am Ende den ersten Jubelmeldungen jene Nachsätze hinterhergeschickt, die die Welt leise darüber unterrichten, dass man sich doch noch nicht so ganz einig geworden ist.

Futterfiasko

Um es gleich vorwegzusagen: Die Kuh ist nicht schuld am viel zu hohen Fleischverbrauch der Welt und dem sich daraus abzeichnenden Fiasko für die agrarische Nutzung des Planeten. In den vergangenen Jahren ist der deutsche Fleischkonsum erfreulicherweise gesunken, der weltweite ist dagegen massiv angestiegen, wenn auch in den vergangenen Jahren etwas langsamer als zuvor. Seit den 50er Jahren stieg er in Deutschland von zunächst 54 Kilogramm auf mehr als 95 Kilogramm pro Kopf in den 1990er Jahren. Diese Zahlen enthalten den Gesamtverbrauch von Fleisch inklusive Tierfutter und industrieller Verwertung. Während der beiden Corona-Jahre reduzierte sich der deutsche Fleischverbrauch dann auf rund 84 Kilogramm pro Kopf, im Jahr 2023 wurde noch einmal ein recht deutlicher Rückgang auf 77,5 Kilogramm pro Person und Jahr erreicht, was immer noch etwa 1,5 Kilogramm pro Woche entspricht. In den Vereinigten Staaten liegt der Fleischverbrauch bei 128 Kilogramm pro Kopf und Jahr, also bei fast 2,5 Kilogramm pro Person und Woche, in Australien bei 115 Kilogramm pro Kopf und Jahr. Der europäische Spitzenreiter ist Spanien mit 109 Kilogramm pro Person und Jahr.

Seit einigen Jahren schießen exklusive Beefburger-Restaurants und spezielle Trend-Fleisch-Läden in europäischen Großstädten aus dem Boden. Letztere erwarten den vorbeiflanierenden Genusskunden mit extra teuren »Dry-Aged-Beefhälften« in großen Schaukühlschränken, die bis auf die Straße hinausleuchten. Daneben erfreuen sich jüngst teure Hochglanzzeitschriften rund um das Thema »Fleisch«, beispielsweise mit dem Namen *Beef!* oder *Meat in*, einer speziell männlichen Leserschaft. *Beef!*, das erste der neuen Fleisch-Magazine, wirbt mit dem Untertitel »... gemacht von Männern für Männer« und hat eine Auflage von rund 50 000 verkauften Exemplaren. »Don Carne«, ein neuer Online-Fleischspezialist, wirbt mit einer günstigen Beef-Club-Mitgliedschaft für den Online-Fleischverkauf, samt perfekt gekühlter Lieferung an die Haustür. Ob dies nur ein vorübergehender Trend ist, ob der neue Fleisch-Luxuskult zu weniger Fleischessen einlädt oder einen wieder stärker fleischtreibenden Einfluss auf den Konsum nach sich zieht, wird sich zeigen.

Das Hauptproblem der fleischlichen Ernährung liegt im massiven Landverbrauch, sowohl was das Weideland wie auch das Agrarland für den Futteranbau betrifft. Der Bund für Umwelt und Naturschutz Deutschland (BUND) analysierte 2018, dass für tierische Produkte 77 Prozent des globalen Agrarlands und 70 Prozent des Süßwassers verbraucht werden, Fleisch jedoch nur 17 Prozent des Kalorienbedarfs der Menschheit abdeckt. Über den rasanten Landverbrauch für das Weiden der Tiere hinaus bildet die Futtermittelproduktion heute mit rund 60 Prozent aller agrarischen Flächennutzungen den Schwerpunkt aller landwirtschaftlichen Produktion.

Dass der Mensch seit Langem zum wahren Fleischfresser der Erde geworden ist und sein Fleischkonsum mit der steigenden Bevölkerungszahl des Planeten unaufhaltsam auf eine Erdrosselung der terrestrischen Ökosphäre hinausläuft, scheint bisher nur sehr wenige Menschen zu interessieren. Grillabende und Barbecues, also das abendfüllende Garen von Fleisch im heißen Rauch, gehören weltweit zu den angesagten und modisch stilbildenden Freizeitbeschäftigungen, vor allem im Frühling und Sommer. Gesetzte Essen mit etwas mehr Speisenvarianz wirken schon lange wie aus der Zeit gefallen und hoffnungslos »old school«. Jede Grillsaison steigert den Fleischkonsum nachweislich, der weltweite Fleischverzehr hat sich in den vergangenen Jahren mehr als verdoppelt und soll prognostisch bis 2028 noch einmal um 13 Prozent zunehmen. Wer sich ernsthaft Gedanken darüber macht, was immer größere Weideflächen für unseren Planeten bedeuten, gilt als Spielverderber, Partycrasher oder ewiger Moralist.

Wären Milliarden von Vegetariern die Lösung? Nach einer Allensbach-Analyse aus dem Jahr 2022 liegt die Zahl derjenigen

Deutschen, die sich selbst als Vegetarier bezeichnen, bei 7,9 Millionen Menschen, also bei etwas unter zehn Prozent der Bevölkerung. Weltweit viel mehr Vegetarier wären eine Lösung, eine allgemein deutliche Zurückhaltung beim Fleischkonsum erscheint jedoch als das realistischere Ziel. Mitmenschen, die sich seit einiger Zeit für mehr Fisch in ihrem Speiseplan entscheiden, tun dem Planeten damit je nach Menge ebenfalls keinen Gefallen. Die Überfischung der Ozeane führt zu einem Überlebensproblem derjenigen, die schon immer auf die Meere als Lebensgrundlage angewiesen waren. Von den großen Fischen, die am oberen Ende der Nahrungskette der Aquasphäre stehen und gleichzeitig ein Schlüsselindikator für das Ökosystem der Meere sind, hat es nur ein Bruchteil bis in unsere Tage geschafft. Seit den 1950er Jahren sind die Populationen von Thunfisch, Kabeljau, Heilbutt und Rochen um 80 bis 90 Prozent dezimiert worden. Da somit auch der größte Teil der Planktonfresser entfällt, verbreiten sich Quallen explosionsartig und setzen den Meeren über die durch die Erwärmung ausgelöste Versauerung zusätzlich zu. Quallen ernähren sich von Larven und zum Teil von jungen Fischen. Sie konkurrieren daher mit anderen Fischarten um Nahrung und können entsprechend das Ökosystem destabilisieren.

Einige Erdforscher sind der Ansicht, dass die Ernährung der Welt im Vergleich zum CO_2-Problem und der globalen Erwärmung sowie in Relation zum massiven Artensterben das größere und noch dringendere Problem für die Zukunft der Menschheit darstellt, da sich bisher kein Weg abzeichne, wie eine planetengerechte Ernährung für mehr als neun oder zehn Milliarden Menschen jemals zu erreichen sei. Es sei utopisch, die Hälfte der Menschheit in kurzer Frist zum Vegetarismus zu bekehren, daher sei absehbar, dass sich der Fleischkonsum in den kommenden 50 Jahren durch die weiter wachsende Erdbevölkerung und den steigenden Fleischkonsum der Schwellenländer verfünffachen werde, was aber land- und wassertechnisch unmöglich zu bewerkstelligen sei. Für die Energiewende lägen viele Vorschläge auf dem Tisch, einige Wege aus der Krise seien sogar bereits gut erprobt. Für die Ernährungskrise sei bisher kein Lösungsansatz in Sicht.

Selbst wenn es gelänge, dass sich die Hälfte der heutigen Menschheit von heute auf morgen nur noch vegan ernährte, würde der Erleichterungseffekt auf Dauer nicht ausreichen, um das Futterfiasko bei einer Erdbevölkerung von künftig zehn Milliarden Menschen zu verhindern. Der Geochemiker Charles Langmuir von der Harvard Universität hat dazu folgende simple Rechnung aufgestellt: Sollten acht Milliarden Menschen auf der Erde einmal genauso viel Fleisch essen wollen wie die Deutschen heute, müsste dafür die gesamte Landfläche der Erde, also auch alle noch bestehenden Wälder, gerodet und exklusiv für Viehzucht und Futteranbau genutzt werden. Sollte sich das Ernährungsmodell der Weltbevölkerung in Zukunft nach der Höhe des amerikanischen Fleischkonsums richten, dann benötige man dafür bereits heute eineinhalbmal die Fläche des Erdballs. In beiden Szenarien müssten die Amazonaswälder vollständig abgeholzt werden, was wiederum einen gefährlichen CO_2-Kipppunkt auslösen und das Artensterben noch einmal beschleunigen würde. Die Ackerböden wären nach einer kurzen Zeit der Intensivnutzung zwangsläufig ausgelaugt und erodiert, was in der Folge die Temperaturen weiter erhöhen und die Futterproduktion schließlich endgültig zum Erliegen bringen würde.

Bereits jetzt werden 90 Prozent aller pflanzlichen Erträge des Erdballs an Nutztiere verfüttert. Den größten Anteil daran macht Soja aus. Soja wird hauptsächlich als Kraftfutter und billige Proteinquelle in der Tiermast verwendet. Für die steigende Nachfrage des Weltmarktes nach Soja und neuen Weideflächen wurden bereits in den letzten zehn Jahren riesige Flächen des brasilianischen Regenwalds abgeholzt. Bisher war jedoch niemand in der Lage, diese gewaltigen Natureingriffe zu verhindern. Eine bindende planetarische Klima-Agenda existiert, wie wir wissen, bisher nicht einmal in Ansätzen.

Wallace Broecker, der 2019 verstorbene Erd- und Meeresforscher an der Columbia Universität, war der Meinung, dass uns die Ernährung der Welt den Todesdolch in den Rücken rammen werde, noch vor dem massiven Anstieg der Meeresspiegel. Die Erderwärmung werde die ganze Sache beschleunigen, denn jedes Grad Celsius mehr koste den Globus jeweils zehn Prozent seiner Ernten. Bei drei Grad Erwärmung ergäbe sich folglich ein Ernteverlust von 30 Prozent.

Das Kommunikationsdefizit in Sachen Ernährungskrise ist enorm. Man kann es auch an einem Aufschrei in den sozialen Medien ablesen, der sich nach der EU-Zulassung für Insekten als alternative Proteinquelle und neues Lebensmittel ereignete. Von »Mehlwurmnazis« war dort zu lesen. Für die meisten Menschen ist ein Insektenverzehr bisher unvorstellbar. Dabei enthalten die jetzt als Nahrung freigegebenen Mehlwürmer neben B-Vitaminen und Omega-3-Fettsäuren auch wichtige Mineralstoffe und Proteine. Ihr Vorteil zum Fleisch: Insekten benötigen deutlich weniger Platz und Nahrung in der Aufzucht. Wenn man das bisher vollkommen ungelöste Drama der Fleischproduktion für eine wachsende Weltbevölkerung betrachtet, wäre die Schaffung von Akzeptanz und Verständnis für die Suche nach alternativen Proteinquellen für die menschliche Ernährung eine politische Kernaufgabe.

Die größte Gefahr des Futterfiaskos besteht darin, dass diejenigen Menschen, die sich bisher noch nicht einmal die geringste Menge an Fleisch leisten konnten, in naher Zukunft bestrebt sein werden, es ihren Konsumvorbildern in den USA und in Europa gleichzutun. Neue Konsumvorbilder des alten Westens werden bisher in ihrer Wirkung unterschätzt. Im Hinblick auf eine weiter ansteigende Weltbevölkerung ist ihre radikale Veränderung ein Muss. 300 bis 600 Gramm Fleisch und Wurst pro Woche schlägt die konservative Deutsche Gesellschaft für Ernährung vor – 1500 Gramm sind es bisher. Nicht mehr als 400 Gramm Fleischkonsum pro Woche wären das Mindestziel, das es rasch zu erreichen gilt. Doch vor einer klaren Kommunikation zum Thema Ernährung schrecken bisher alle verantwortlichen politischen Führer zurück. Empfindliche Stimmenverluste waren vor Jahrzehnten bereits die Folge des aus heutiger Sicht niedlichen Vorschlags zur Einführung eines einzigen »Veggie-Days« pro Woche. Die Temperaturen steigen, die Erde versteppt, aber der Kongress macht einen Grillabend – so kann man die gegenwärtige Lage in Sachen Fleischverzehr zusammenfassen.

Algenblühen

Die steigende Weltbevölkerung ist letztlich auch das Ergebnis einer hocherfolgreichen, sich stetig weiter industrialisierenden Landwirtschaft, die wiederum eine der Hauptursachen für die rasante Verschlechterung der Ackerböden darstellt. Die Überversorgung unserer Felder mit Gülle aus der Massentierhaltung hat sich in den vergangenen Jahrzehnten deutlich verschärft. Dank übermäßiger Fleischproduktion ist viel zu viel Gülle vorhanden, in der Folge wird deutlich zu viel gedüngt. Der Grund für den Gülleüberschuss ist ein Missverhältnis von Tieranzahl und Anbaufläche für Futter- und Lebensmittel in Europa. Zwei Drittel der Futtermittel für die europäische Tierhaltung werden aus Ländern wie Brasilien importiert, vor allem Soja. 80 Prozent des importierten Sojas landet in den Trögen der Nutztiere. Dadurch entsteht der nicht nur in Deutschland so schwer unterzubringende massive Gülleüberschuss. Er landet hauptsächlich auf Feldern, die bereits vorher chemisch überdüngt und biologisch tot waren. Deren Stickstoffüberschüsse verbleiben als Nitrat in den Böden und sickern schließlich in den Grundwasserfuß ein.

Der Haupt-Trigger für die Massentierhaltung in Deutschland war die Aufhebung der sogenannten »Flächenbindung« im Jahre 2006 durch die damalige Regierung des Kabinetts Merkel 1 mit Horst Seehofer als Minister für Ernährung, Landwirtschaft und

Verbraucherschutz. Damit braucht ein konventioneller landwirtschaftlicher Betrieb seit bald 20 Jahren bei Weitem nicht mehr so viel Landfläche für ein Tier nachzuweisen, wie für Wasser und Böden verträglich ist. Seit dieser Zeit ist es in deutschen Ställen zu einer Explosion in Sachen industrieller Tierhaltung gekommen. Damit ist auch der verheerende Überschuss an Gülle zu erklären. Während sich Wasserversorger gezwungen sehen, eine neue Reinigungsstufe nach der anderen einzubauen, schreitet die Gülleverunreinigung und damit der Nitratüberschuss von Böden und Gewässern fort.

Die Nitratbelastung deutscher Grundwässer liegt an 20 bis 30 Prozent der Messstellen seit Jahren deutlich über dem EU-Grenzwert von 50 Milligramm pro Liter. Sie wird nicht nur durch Gülleüberschuss, sondern auch durch ein Übermaß und eine mengenmäßig unsachgemäße Handhabung von chemischen Düngern ausgelöst. Die daraus entstehende Dynamik ist nicht nur gefährlich für die Bevölkerung, es drohen auch Strafzahlungen von bis zu 850 000 Euro pro Tag. Die Europäische Kommission hat im Jahr 2016 beim Europäischen Gerichtshof eine Klage gegen Deutschland eingereicht. Im Juni 2018 hat der Europäische Gerichtshof der Klage stattgegeben und Deutschland wegen des Verstoßes gegen die EU-Nitratrichtlinie verurteilt. Am 1. Juni 2023 wurde das Nitrat-Verfahren gegen Deutschland eingestellt, da die EU die Hoffnung hegt, dass Deutschland die hohe Nitratbelastung der Gewässer angehen wird. Praktisch zeitgleich wurden Anfang Juni 2023 an Oder und Ostsee erneut massive Algenblüten beobachtet, die wiederum auf einen deutlichen Stickstoff- und Nitratüberschuss zurückzuführen sind.

Hohe Nitratwerte im Trinkwasser sind gesundheitsschädlich, insbesondere für Säuglinge. Die im Körper zu Nitrit und Nitrosaminen umgewandelten Nitratreste wirken im Tierversuch krebserregend. Daneben sorgen zu viele Nitrate als Stickstoffüberversorgung für eine massive Schädigung von Böden und Gewässern. Wenn mehr gedüngt wird, als von den Pflanzen an Stickstoff dem Boden wieder entzogen werden kann, kommt es zur sogenannten »Eutrophierung« von Oberflächengewässern und Landökosystemen. »Eu thropos«, aus dem Griechischen für »gut nährend«, bedeutet einen Übereintrag von Nährstoffen, der übermäßiges Pflanzenwachstum auslöst. Die Folge sind Algenblüten und akuter Sauerstoffmangel in den Gewässern. Es bilden sich stinkende Algenteppiche, die durch heiße Temperaturen und Gewässererwärmung verstärkt werden. Unter den verschiedenen Algenarten ist die giftige Blaualge die gefährlichste, da sie beim Menschen zu organischen und allergischen Irritationen führen kann sowie Fische und Plankton schädigt.

Überdüngung gehört heute zu den mächtigsten Bedrohungen der Artenvielfalt. Von wilder Algenblüte an den Staubecken der Donau, aber auch an zahlreichen Meeresufern berichten Biologen in Studien und Beiträgen. Wie alle Pflanzen benötigen auch Algen für ihr Wachstum Stickstoff und Phosphor, die in der Natur jedoch selten im Überfluss vorkommen. Die Ergebnisse einer pathologischen Überbelastung mit Stickstoff sind in Gewässern bereits mit ungeübtem Blick zu erkennen. Es bedarf dazu keiner besonderen biologischen Vorkenntnisse. Dichte Matten von Hahnenfuß treiben in den Fließgewässern, überbordendes Wachstum von Brennnesseln, Ringdisteln und Springkraut weisen auf Überdüngung hin. Faulende Braunalgen schwappen mit den Wellen auf den Strand an die Küsten Floridas, des Mittelmeers oder der Ostsee. Dass die Massenvorkommen einiger weniger Pflanzen den Zusammenbruch eines natürlichen Ökosystems durch eine Überdosis von Stickstoff anzeigen, weiß kaum jemand. Die Algenblüte tritt vor allem im Hochsommer massiv und explosionsartig auf. Betonierte Ufer verstärken die Wassererwärmung. Bald herrscht in den Gewässern so akuter Sauerstoffmangel, dass zunächst die empfindlichen Wassertiere eingehen und schließlich die Algen selbst.

Das sechste Sterben ...

... heißt ein mit dem Pulitzerpreis ausgezeichnetes Buch der amerikanischen Journalistin Elizabeth Kolbert über das zu erwartende größte Massenartensterben der Erde. Evolutionsbiologen gehen davon aus, dass es das verheerendste sein wird, seit vor etwa 65 Millionen Jahren ein Asteroid auf der Erde einschlug, mit den bekannten Folgen für die Dinosaurier. Doch dieses Mal trägt der Mensch dafür die Verantwortung.

Die Ursachen für das Artensterben sind aktuell vielschichtig, der Status der Sterberaten ist kaum zu prognostizieren. Bis zu 150 Pflanzen- und Tierarten sterben derzeit pro Tag aus. Über die Hauptursache besteht kein Zweifel: Es ist die Tatsache, dass der Mensch inzwischen einen Großteil der Lebensräume auf der Erde für sich selbst beansprucht. Vor allem für seine oftmals industriell betriebene Landwirtschaft, aber auch für seine gesamte Technosphäre, also Siedlungen, Straßen, Verkehrswege, Flughäfen, Produktionshallen, Lager, Büro- und Geschäftsgebäude sowie alle anderen Bauten. Weltweit sind mehr als drei Viertel der Landoberfläche und zwei Drittel der Meere durch menschlichen Einfluss beeinträchtigt. Allein in Deutschland wird die Hälfte der Landfläche intensivlandwirtschaftlich genutzt. Überall auf der Welt wurden in den letzten Jahrzehnten Landschaftsareale ausgeräumt, um sie insbesondere für die Ernährung zu nutzen. Dafür wurden Hecken beseitigt, Bäume und Brachen entfernt, Bäche begradigt, Tümpel zugeschüttet und Seeufer mit Gebäuden bebaut. Der immer größer werdende Populationsdruck der Menschheit sorgt dafür, dass immer mehr Land kultiviert wird, und die Klimaerwärmung, die insbesondere den Wäldern zusetzt, tut ihr Übriges. Weitere Gründe für das Artensterben sind die Luft- und die Umweltverschmutzung, die Einwanderung immer neuer invasiver Arten und die »Übernutzung« einzelner Arten zu Ernährungszwecken.

Nach einem Bericht des UN-Weltbiodiversitätsrates (IPBES, Intergovernmental Science-Policy Platform on Biodiversity and Ecosystem Services) aus dem Mai 2019 ist weltweit im Extremfall die Hälfte aller bekannten Tier- und Pflanzenarten vom Aussterben bedroht, wobei die Schätzungen dieses Rates sich eher am konservativen Ende der meisten Vermutungen befinden. Das massivste Artensterben setzt nach Ansicht der Experten nicht irgendwann ein, sondern kurz- bis mittelfristig in den kommenden Jahrzehnten. Derzeit nimmt es rasch zu. Laut dem IPBES-Bericht ist die Rate, mit der Arten verschwinden, um zehn- bis hundertmal höher als im Durchschnitt früherer Epochen. Noch nie, seit es den Menschen gibt, ging es der Natur schlechter als heute. Mit einer ausgestorbenen Art geht jeweils ein einmaliges Exemplar der Evolution unwiederbringlich verloren, mit einer einmaligen Kombination von Eigenschaften, Merkmalen und biologischen Attributen. Und für keine der ausgestorbenen Arten gibt es so etwas wie eine genetische Back-up-Kopie.

Die Artenkrise ereignet sich bisher leiser als die Klimakrise. Über sie ist deutlich weniger medial berichtet worden. Einige Forscher sehen uns am Beginn eines sechsten Massensterbens, andere halten es längst für in vollem Gange. Was man von den vorhergehenden Massenartensterben weiß – ob es sich um das Verschwinden der Dinosaurier vor 66 Millionen Jahren durch einen Asteroideneinschlag oder die Aussterbewellen am Ende der Trias und des Perms durch heftige vulkanische Aktivitäten handelt –, ist folgende elementare Lehre: Alle bisherigen Massenartensterben resultierten aus extremen Umweltereignissen, an die sich Pflanzen und Tiere nicht ausreichend schnell anpassen konnten.

Für die Artenkrise charakteristisch ist, dass mit dem Aussterben einer Art das Aussterberisiko anderer Arten ebenfalls steigt. Im hochkomplexen System der Natur existiert keine Art nur für sich allein, sondern die Stabilität des Ökosystems ist von der Vielfalt der Arten abhängig. Man muss sich das Ökosystem der Arten wie ein Netz aus vielen Maschen vorstellen. Jede Art bildet eine Masche. Wenn eine Art stirbt, fällt eine Masche heraus, eine andere Art ersetzt im Allgemeinen die Funktion dieser Masche. In gesunden, stabilen Ökosystemen stellt das Zerreißen des Netzes an einer Stelle kein Problem dar. Je geringer die Biodiversität in einem Ökosystem, desto instabiler wird es jedoch. Wenn zwei, drei, vier Maschen aus dem System herausfallen, wird es immer schwieriger, die Balance im System zu halten, das Netz aus Maschen bekommt immer größere Löcher. Wenn innerhalb kurzer Zeit viele Arten aussterben, übernehmen oft sogenannte »Generalisten«, also besonders anpassungsfähige Vertreter, zum Beispiel Ratten oder Stechmücken, die Füllfunktion; das System gerät dann immer weiter aus der Balance. Es gibt einige Biologen, die vermuten, dass am Ende des Massensterbens der Arten nur noch relativ große Exemplare von Ratten übrig bleiben, weil sie die anpassungsfähigsten unter den Tieren sind.

Menschen sind in relativ vielen Bereichen abhängig von einem intakten Ökosystem, das gilt insbesondere für ihre Nahrung, Medikamente, Kleidung oder den Bau ihrer Häuser. Vom Baumwollhandtuch nach der Dusche, der Kleidung beim Anziehen, dem Kaffee und dem Frühstücksei rund um den hölzernen Esstisch am Morgen bis zum Glas Wein oder Bier am Abend; vom Brot über die Banane, vom Stück Fleisch bis zum Fisch, vom Bärlauchquark bis zur Erdbeere und dem Stück Schokolade profitieren wir täglich von der Natur. Wenn Arten sterben, zerreißen ganze Nahrungsnetze. Mehr als ein Drittel der weltweiten Ernten ist von der Bestäubung durch Insekten abhängig und die Zahl der Bienen nimmt immer weiter ab. Zudem stammen beispielsweise 70 Prozent der Krebsmedikamente und viele andere medizinische Substanzen aus der Natur oder haben ein natürliches Vorbild. Weniger Bienen heißt irgendwann kleinere Ernten und weniger Lebensmittel. Für 40 Prozent der Menschheit auf dem Globus ist Fisch die Hauptproteinquelle. Dabei benötigen rund 4000 Fischarten die durch die Überhitzung der Ozeane stark bedrohten Korallenriffe für ihr Überleben. Fluch und Segen der Natur ist, dass sie ein eng vermaschtes System darstellt, das als Ganzes erhalten werden muss.

Eine Schwierigkeit, dem Problem des Artensterbens Herr zu werden und den genauen Stand der Krise überhaupt beurteilen zu können, stellt die Tatsache dar, dass wir unsere eigene Artenvielfalt auf der Erde bisher nur in unzureichender Weise kennen. Biologen gehen von 10 bis 20 Millionen existierenden Tier- und Pflanzenarten aus, von denen jedoch nur knapp zwei Millionen Arten genauer beschrieben sind. Aufgrund dieser Unkenntnis ist auch der Kipppunkt des Artensterbens kaum genauer festzulegen. Da wir nur relativ wenige Arten gut kennen, was daran liegt, dass die Artenfülle lange Zeit unterschätzt wurde und die wenigsten Biologen der Frage nach der Artenvielfalt viel Aufmerksamkeit geschenkt haben, können wir auch den Grad der bereits erreichten Löchrigkeit des Ökosystems gar nicht wirklich beurteilen. Es ist eine absurde Konstellation: Die Menschheit fliegt zum Mond und zum Mars, aber sie kennt ihre eigene Erde nicht.

Die Unkenntnis über die Zahl der Arten hat noch eine andere unangenehme Konsequenz: Je mehr Arten wir verlieren, desto mehr genetische Speicher verlieren wir auch. Solange wir eine Art nach der anderen verschwinden lassen, ohne zu wissen, welche es sind, wissen wir auch nicht, wann wir an Bestandteile des Ökosystems gelangen, in dem sehr wichtige genetische Daten für das gesamte »Betriebssystem« der Natur verborgen liegen. Löschen wir schließlich die entscheidenden Teile des Ökosystems aus, kann das gesamte System relativ rasch zusammenbrechen. Es ist ein Zustand, in dem wir die Grundfesten eines Hauses erschüttern könnten, ohne es zu merken, da wir den Aufbau nicht verstehen. »Beim Artenschutz geht es längst nicht mehr nur um die Beseitigung eines Umweltproblems, sondern um die Frage, ob die Menschheit selbst nicht irgendwann auf der Roten Liste einer Gefährdungskategorie landet und zum Verlierer ihrer eigenen Lebensweise wird«, warnt Eberhard Brandes, langjähriger Geschäftsführer des WWF Deutschland.

Unangenehme Überraschungen

»Die Bewohner des Planeten Erde sind dabei, ganz leise ein gigantisches Umweltexperiment zu vollziehen. Die Konsequenzen dieses Experiments werden so gewaltig und vernichtend sein, dass jedes verantwortungsvoll handelnde Gremium, dem man dieses Experiment zur Entscheidung vorlegte, es rasch und nachdrücklich abgewiesen hätte.« Mit diesen Sätzen beginnt Wallace Broecker im Jahre 1987 seinen historisch wichtigen Artikel »Unpleasant surprises in the greenhouse?« zum System der Kipppunkte in der Fachzeitschrift *Nature*.

Broecker sagt darin, dass die Bestimmung darüber, wann ein Kipppunkt zuschlagen werde, für einen Forscher ähnlich schwierig zu bestimmen sei wie die Vorhersage eines Arztes über den Zeitpunkt, an dem ein bestimmter Krebs in einem bestimmen Körper ausbrechen werde. Niemand wisse, welche Ladung genau in der Klimakanone verborgen sei und zu welchem Zeitpunkt der Planet sie scharf stellen werde. Er sei jedoch weniger optimistisch als die meisten über den Inhalt der Klimakanone. Seine Bedenken begründete Broecker damit, dass sich die Wissenschaft zu lange mit Modellierungen aufgehalten habe, die eine lineare und graduelle Erwärmung des Klimas über einen langen Zeitraum von etwa 100 Jahren angenommen hätten. Er bezweifele nicht die Expertise »all dieser phantastischen Wissenschaftler«, die die besten Computer der Welt für ihre Berechnungen verwendet hätten. Jedoch wären die benutzten Modelle und Computer nicht in der Lage, den komplexen Interaktionen eines realen Systems der Natur Rechnung zu tragen. Seine Eindrücke über die Fehlleistungen der Modellberechnungen leitete Broecker wesentlich aus den von ihm analysierten Bohrkernen ab, die er als Ergebnisse von Experimenten bezeichnete, die die Natur selbst ihm gezeigt hätte. Er bezog sich dabei auf seine jahrzehntelangen Beobachtungen der Polareisschilde, der Ozeansedimentationen und der Torfmoore.

Fest stehe, dass das Erdklima auf jegliche atmosphärischen Forcierungen niemals in einer graduellen und sanften Weise reagiert habe. Vielmehr kam es immer wieder zu scharfen Sprungvorschüben, die eine großflächige Reorganisation eines größeren Teils oder des gesamten Erdsystems zur Folge gehabt hätten. Mit einer solch abrupten Art der Veränderung umzugehen sei deutlich anspruchsvoller für die Menschheit als alle Handlungsweisen, die bei einem graduellen Temperaturanstieg infrage kämen.

Die Erforschung der Kipppunkte hat sich seit den Entdeckungen von Wallace Broecker Ende der 1980er Jahre deutlich weiterentwickelt. Vor allem durch die Zusammenarbeit von britischen Forschern der Universität Exeter (David McKay und Timothy Lenton) mit deutschen Klimaforschern, beispielsweise denen des Potsdam-Instituts für Klimafolgenforschung (Joachim Schellnhuber, Stefan Rahmstorf, Johan Rockström und anderen), ist inzwischen eine konkrete Nennung von 16 relevanten planetaren Kipppunkten gelungen und in zahlreichen Studien näher beschrieben worden. Dabei werden ihre relativ genauen Temperaturprognosen über das Eintreten der Kipppunkte von anderen Forschern gelegentlich kritisch beleuchtet. Der Schweizer Klimaforscher Thomas Stocker beispielsweise, der ebenfalls Mitglied des Weltklimarats ist, vertritt die Meinung, dass die Forschung zu den Kipppunkten noch weiter intensiviert werden sollte. Er stellt nicht infrage, dass Kipppunkte existieren, rät jedoch zur Fortsetzung intensiver Forschungen in diesem Bereich.

Die in zahlreichen Studien der britisch-deutschen Forschergruppe näher beschriebenen 16 Kipppunkte lassen die in der Wissenschaft diskutierten Großrisiken des Erdsystems besonders anschaulich werden. Als Kern-Kippelemente mit globaler Auswirkung gelten dabei: der Kollaps des Grönländischen Eisschildes, des arktischen Meereises, der west- und ostantarktischen Eisschilder, der arktischen Permafrostböden sowie der subglazialen Teile der Ostantarktis. Im Zuge und teilweise als Folge der großen Eisschmelzen gelten auch das Versiegen der atlantischen Umwälzzirkulation, der Zusammenbruch der Zirkulation im Labrador- und Irminger-Meer sowie das Absterben des Amazonasregenwaldes als Kippelemente mit globaler Auswirkung. Als regional bedeutsam gelten dementsprechend sieben weitere Kipppunkte mit lokal begrenzter Auswirkung: der Kollaps des Barents-Meereises, das plötzliches Abtauen der Permafrostböden in Sibirien und Nordamerika, der Verlust der Gebirgsgletscher außerhalb Grönlands und der Antarktis, das Absterben der nordischen Nadelwälder an ihrem südlichen Ende und die Ausbreitung der nordischen Nadelwälder nach Norden, was zur Verdunkelung der Erdoberfläche führt. Weiterhin wirken das Absterben der Korallenriffe in niedrigen Breitengraden sowie die grundlegende Veränderung der Vegetation im Sahel und unvorhersehbare Veränderungen des westafrikanischen Monsuns als regionale Kipppunkte.

Die Auswirkungen des Erreichens dieser 16 Kipppunkte auf die Entwicklung der Erde werden als äußerst weitreichend und gravierend beschrieben. Den neun Kern-Kipppunkten werden als globale Folgeeffekte unter anderen eine gewaltige Erhöhung der globalen Meeresspiegel sowie die gleichzeitige massive Veränderung der Wind- und Strömungsverhältnisse auf dem gesamten Globus zugeschrieben. Hinzu kommen eine verstärkende Wirkung von Orkanen und Sturmfluten, eine wesentliche globale Temperaturveränderung, dazu eine gravierende Veränderung von Niederschlagsverteilungen und Erhitzungsgebieten auf der Erde sowie eine maßgebliche Verringerung der Kohlenstoffsenken, ausgelöst durch den Wegfall der Rückstrahleffekte großer schneebedeckter Flächen (die sogenannte »Eis-Albedo-Rückkopplung«). Den sieben regionalen Kipppunkten werden unter anderem zusätzliche Verstärkungen der regionalen Erwärmung sowie der Zusammenbruch regionaler Ökosysteme zugeordnet; dazu kommt der Verlust der Süßwasserversorgung in zahlreichen Gebieten der Erde.

An der Existenz von Kipppunkten des Klimas mit jeweils drastischen planetarischen Auswirkungen zweifelt inzwischen kein anerkannter Klimaforscher mehr. Unterschiedliche Auffassungen gibt es vor allem über die Auswirkungen der regionalen Kipppunkte und über die Sicherheit bei der Bestimmung ihrer Eintrittspunkte. Der Klimaforscher Stocker warnt davor, Kipppunkte als Drohszenarien aufzubauschen, da sie die Diskussion um die Klimakrise in Richtung der Vergeblichkeit von Klimaschutzbemühungen treiben könnte. Er ist der Meinung, dass wir die Drohkulisse der Kipppunkte gar nicht benötigen, um uns die Dringlichkeit der Klimakrise bewusst zu machen.

Kippelnde Boote

Klimakipppunkte sind nach Definition der Forscher abrupte Änderungen im Klimasystem, die ab dem Erreichen einer bestimmten Temperaturschwelle eintreten und das Klimasystem der Erde in einen komplett anderen Zustand versetzen. Der Effekt der Kipppunkte wird oft mit der Bewegung eines Kajaks auf unruhigem Wasser verglichen. Das Boot kippelt eine Weile seitwärts hin und her, kentert dann aber vollständig zu einem bestimmten Zeitpunkt bei der Attacke einer verhältnismäßig kleinen Wasserwelle. Nach dem Kentern findet das Kajak dann einen neuen stabilen Zustand, kopfüber auf dem Wasser liegend. Eine Rückbewegung erscheint in diesem Stadium ausgeschlossen. Übertragen auf das Klimasystem des Planeten bedeutet ein solches »Kentern« oder »Kippen«, dass sich das klimatische System der Erde bei Erreichen bestimmter Temperaturpunkte zu einem sehr großen Teil oder vollständig neu organisiert und hernach nicht mehr zum vorher geltenden Gleichgewichtszustand zurückkehrt.

Ein großer Teil der Forscher betrachtet die Irreversibilität des Klimas nach Erreichen der Kipppunkte als eine feste Erkenntnisgröße. Wenn das Klimakajak einmal gekentert sei, heißt es, bekämen wir es nicht mehr zurückgekippt, egal wie stark wir uns im Kampf gegen die Erwärmung noch anstrengen. Über den Temperaturpunkt, an dem die ersten beiden globalen Kippeffekte eintreten können, herrscht unter den Vertretern der britisch-deutschen Forschergruppe Einigkeit. Es ist ein Bereich zwischen einem und maximal drei Grad Celsius globaler Erwärmung, den die Forscher auf die Höhe von 1,5 Grad Celsius gemittelt haben. Das mögliche Erreichen der ersten globalen Kippschwelle liegt also genau auf der im Pariser Klimaabkommen festgelegten Temperaturgrenze von 1,5 Grad Celsius. Alle Kipppunkte werden von den führenden Erforschern der Kippelemente als »in der menschlichen Zeitrechnung irreversibel« eingestuft, wenn sie einmal erreicht sind. Dies stellt, wenn es sich durch intensivere Forschung weiter erhärten lässt, eine besonders bittere Erkenntnis dar. Die Folgen des Kippens wären also allesamt nicht mehr zurückzudrehen, selbst wenn es der Menschheit gelingen sollte, die Temperaturen auf dem Planeten durch klimaerhaltende Maßnahmen wieder abzukühlen.

Das Abschmelzen der arktischen Eisschilde in Grönland und der Rückzug der großen Gletscher und des Eisschildes der Westantarktis werden als die beiden ersten und gefährlichsten glazialen Kipppunkte gesehen. Beiden Kipppunkten werden dramatische Auswirkungen auf die weitere Klimasituation der Erde zugeschrieben. Nach Meinung der deutschen Kipppunkt-Forscher des PIK reicht für die Auslösung dieser beiden Kipppunkte im schlechtesten Fall bereits ein Überschreiten der 1-Grad-Celsius-Marke aus. Hierzu gibt es jedoch auch abweichende Meinungen.

Gletscher speichern derzeit 70 Prozent des Süßwassers der Erde. Sie sind nach den Ozeanen die größten Wasserspeicher und haben einen entscheidenden Einfluss auf das Weltklima. Es wird erwartet, dass die ins Wasser reichenden Zungen der arktischen Gletscher relativ rasch abschmelzen werden, während sich die Auflösung der gesamten Eisschilde erst allmählich, in einem Zeitraum von mehreren Jahrhunderten vollziehen wird. Die Alpengletscher schmelzen durch Sonneneinstrahlung und wärmere Oberflächentemperaturen, arktische Gletscher verlieren ihr Eis dagegen vor allem über das sich erwärmende Meerwasser. Die Alpengletscher schmelzen von oben, die polaren Gletscher von unten und oben gleichzeitig ab.

Die zu Dänemark gehörende Insel Grönland reicht mit ihrem nördlichen Teil dicht an die beweglichen Eisschichten über dem geographischen Nordpol der Arktis heran. Grönland ist besonders stark von der Klimakrise betroffen, da sich die Arktis bereits stärker erwärmt hat als jede andere Region der Erde. Im Nordwesten von Grönland verzeichnen die Eismassen mit 277 Gigatonnen Verlust pro Jahr einen Rückgang, der deutlich schneller ist, als er jemals erwartet wurde. Außerdem hat sich die Geschwindigkeit des sogenannten »Kalbens«, also des Abbrechens der im Wasser endenden westlichen Eisgletscher merkbar verschnellert. Das Tempo dieser Veränderungen wird seit einiger Zeit jährlich nach oben korrigiert. Bis zu 3,5 Kilometer dick liegt das grönländische Eis noch auf einer Landfläche auf, die etwa sechs Mal so groß ist wie Deutschland. Das Schmelzen dieser Eismassen hätte unterschiedliche und empfindliche Folgen für die Klimaentwicklung des Globus.

Je kleiner die Flächen der grönländischen Schilder werden, desto mehr Rückstrahlvermögen der hellen Eisflächen geht verloren (die oben genannte »Albedo«). Die dunkleren Land- oder Wasserflächen nehmen mehr Sonnenlicht auf und heizen den Planeten weiter und schneller auf. Der Gletscherrückzug legt außerdem Methanquellen frei. Methan ist ein Treibhausgas, das aus den eisbefreiten Permafrostböden austritt und den Gletscherschwund zusätzlich anheizt. Das weitgehende Schmelzen der grönländischen Gletscher würde eine erhebliche Wirkung auf die globalen Meeresspiegel haben. Bis zum Ende des Jahrhunderts wird im Falle einer schnellen Auflösung ein Anstieg zwischen 0,8 und 1,8 Metern vorausgesehen. Sollte die gesamte Eisfläche des großen Schildes kollabieren, womit erst innerhalb einiger Hundert Jahre nach Überschreiten des Kipppunktes zu rechnen wäre, müsste mit einem Anstieg der Meeresspiegel um sieben Meter gerechnet werden.

Auch in der Antarktis, dort, wo die Land- und Meeresgebiete den Südpol umfassen, beginnt bereits das große Schmelzen. Zusammen mit dem Pine-Island-Gletscher wirkt der Thwaites-Gletscher wie ein monumentaler Bremsklotz für das westantarktische Eisschild im Süden der Erdkugel. Beide Gletscher, Pine-Island und Thwaites, gelten als entscheidend für das Auslösen des zweiten globalen Kipppunkts. Der Thwaites-Gletscher hat eine gigantische Ausdehnung und ist etwa so groß wie der US-Bundesstaat Florida. Er liegt allerdings als einziger Gletscher der Antarktis auf einer Landmasse auf, die sich deutlich unterhalb des Meeresspiegels befindet. Dadurch kann wärmeres Meerwasser besonders leicht unter den Gletscher fließen. Das ist auch der Grund, warum gerade dieser Gletscher besonders gefährdet ist. Es wird davon ausgegangen, dass seine verhältnismäßig dünne Eiszunge während der nächsten fünf bis zehn Jahre auseinanderbrechen könnte und der gesamte Gletscher dadurch seinen Halt verliert.

Ein Teil der Forscher nimmt an, dass der Kipppunkt dieses Gletschers bereits überschritten ist. Thwaites könnte dann noch in diesem Jahrhundert ganz abschmelzen, mit drastischen Folgen für den Anstieg der Meeresspiegel. Diese würden relativ rasch um 60 Zentimeter steigen. Doch dabei würde es nicht bleiben. Da der Thwaites-Gletscher wie eine Art Korken vor der Westantarktis liegt, würde sein Schmelzen den Weg freimachen für größere Auflösungen von Eismassen, die in diesem Teil der südwestlichen Antarktis liegen. In einem mehrere Jahrhunderte andauernden Prozess würde nach und nach die komplette Westantarktis kollabieren, was einen Meeresspiegelanstieg von insgesamt noch einmal bis zu vier Metern zur Folge hätte. Wegen seiner global dramatischen Bedeutung wird der Thwaites-Gletscher auch als »Weltuntergangsgletscher« oder »Doomsday-Glacier« bezeichnet.

Auch der Pine-Island-Gletscher gehört zu den großen Eiszungen des westantarktischen Schildes. Er liegt direkt neben dem Thwaites-Gletscher und reicht ebenfalls bis ins Meer. Auch Pine-Island fungierte lange als Bremse für das Schmelzen weiterer Gletscherteile an Land. Ein Zerfall seiner Gletscherzunge wird immer wahrscheinlicher. Pine-Island ist der am stärksten schwindende Gletscher der Erde und hat sich in den letzten 20 Jahren deutlich zurückgezogen. Allein in den drei Jahren zwischen 2017 und 2020 verlor er ein Fünftel seiner Fläche, einerseits durch die Erwärmung der Ozeane, andererseits durch den mechanischen Druck, unter den das schmelzende Landeis den Gletscher setzt. Würde er komplett abgehen, stiegen die Meeresspiegel allein dadurch noch einmal um einen halben Meter.

Nachrichten über eine Ausdehnung der Meereismassen in der Antarktis in den vergangenen Jahren beruhen anscheinend auf korrekten Messungen. Allerdings ist unklar, ob damit auch eine Mengenzunahme verbunden ist oder ob die Meereisflächen nur dünner und flacher werden. Fest steht dagegen, dass der Landteil der Antarktis deutlich an Eismasse verliert, mit zunehmender Geschwindigkeit. Diese Entwicklung ist gravierender als die Ausweitung des Meereises, weil das Landeis den Meeresspiegel stärker steigen lässt.

Ein Abschmelzen der Eisschilde an den beiden Polen hätte substanzielle Auswirkungen auf die zukünftige Höhe der Meeresspiegel und den Zustand des Weltklimas. Die Auflösung dieser Eismassen würde wahrscheinlich automatisch das Ende der Amazonasregenwälder wie auch eine deutliche Abschwächung der atlantischen Zirkulation bewirken. Die Amazonaswälder würden sich in relativ kurzer Zeit von einer Kohlenstoffsenke in eine Kohlenstoffquelle verwandeln, mit raschen und extremen Auswirkungen auch auf das Klima des europäischen Kontinents. Das Eindringen der schmelzenden Süßwasser-Eismassen in das Salzwasser des Atlantischen Ozeans würde für eine Verlangsamung, im schlimmsten Fall das Anhalten der atlantischen Zirkulation sorgen.

Der IPCC hat den globalen Kipppunkten in den vergangenen Jahren eine immer stärkere Bedeutung zugemessen. Die Eintrittspunkte von sieben der neun globalen Kipppunkte könnten bei Temperaturschwellen zwischen einem und drei Grad Celsius globaler Erwärmung erfolgen. Im Fokus der Forschung liegt aktuell auch noch das Risiko einer Kaskadierung von Kipppunkten, die sich wie Dominosteine gegenseitig auslösen könnten. Eine quantitative Einschätzung dieser Kaskadenwirkung ist bisher nicht möglich. Auch über die sozialen Folgen aller sich realisierenden Kipppunkte ist bisher keine maßgebliche Forschung betrieben worden.

Für das Auslösen der folgenreichsten Kippelemente stehen die arktischen Meeresregionen im Zentrum der Aufmerksamkeit. Die relative Nähe, mit der wir, nach Einschätzung führender Klimaforscher, an die Temperaturschwellen der ersten drei Kern-Kippelemente herangerückt sind, ist bedrohlich. Das Bild der Kipppunkte, so wie es aktuell beschrieben wird, zeigt die maximal mögliche Risikotragweite und das fortgeschrittene Stadium der Klimakrise in markanter Weise. Doch selbst ohne Einbezug der Kipppunktforschung und auch wenn man mit allen Prognosen der Forscher behutsam umgehen muss, lautet das Resümee aus dem in diesem zweiten Teil beschriebenen Status-quo-Bericht: Es sieht nicht gut aus!

Es ist ein merkwürdiges Phänomen, aber angesichts der kollabierenden Welten in der Arktis würde man gerne in schärfere Worte verfallen oder ein paar Kraftausdrücke benutzen. Aber dafür ist die Situation viel zu ernst. Man braucht die schweren Geschütze der Rhetorik gar nicht. Es sieht einfach nicht gut aus – besser kann man den erreichten Punkt in der Zeit gar nicht zusammenfassen.

Und doch lässt sich auch noch ein anderes Resümee aus der Situation ziehen, in der wir angekommen sind. Kurz gesagt: Einen besseren Zeitpunkt, die Dinge zu ändern, gibt es gar nicht.

Vor welche Herausforderungen stellt ein solches Klimaszenario die Akteure einer modernen Demokratie und welcher politische Auftrag leitet sich daraus ab? Darum geht es im dritten Teil dieses Essays.

III. Was bisher nicht verstanden wurde

It's politics, stupid!

Zu Beginn des Jahres 2023 beurteilen etwa 80 Prozent der Deutschen die allgemeine Wirtschaftslage des Landes als »nicht gut«, das heißt »schlecht« oder »teilweise schlecht«. Diese negative Sicht teilen damit im Januar 2023 etwa genauso viele Menschen wie zu Zeiten der Finanzkrise in den Jahren 2008/09. Mehr als 50 Prozent erwarten darüber hinaus eine Abwärtsentwicklung der deutschen Wirtschaft in der Folgezeit, diese Bewertungen gehen aus Langzeitmessungen der seriösen Forschungsgruppe Wahlen hervor. Es sind die schlechtesten Umfragewerte über die wirtschaftliche Zukunft des Landes, die seit eineinhalb Jahrzehnten gemessen wurden. Dabei haben sich die Befürchtungen einer akuten Gasmangellage aufgrund des Ukrainekrieges gar nicht realisiert. Nach Corona, Lieferkettenchaos, neuer geopolitischer Blockbildung, hoher Inflation, Energie-, Rohstoff- und Infrastrukturkrise, Klimawandel sowie einer neuen Flüchtlingswelle verfestigt sich der allgemeine Eindruck einer Polykrise. Die Empfindung einer extrem komplexen, knäuelhaft verwickelten Problemlage, in der wir uns befinden, hat dabei ihre Berechtigung.

Unter der Mehrfachkrise verborgen liegt jedoch eine Kern-Krise, die instinktiv und ohne großes Detailwissen als die schwerwiegendste der Menschheit eingeordnet wird, da sie die Zukunft der Welt und des Menschheitsganzen betrifft. Gäbe es eine Rangfolge unter den existierenden Krisen, dann wäre die Klimakrise nicht nur die gravierendste, sondern würde zugleich als die am schwierigsten zu lösende wahrgenommen –, wenn dies überhaupt gelingen sollte. Die damit verbundenen Assoziationen einer gewissen Verzweiflung über die hilflose Lage, in der wir uns alle miteinander befinden, lassen sich nicht mehr verflüchtigen oder wegerklären, vor allem wenn man die Problemfelder des Planeten aus der Nähe betrachtet, wie im vorigen Teil dieses Buches geschehen. Der bereits eingetretene Schaden ist verheerend. Doch ist der Begriff der »Polykrise« als Chiffre für die zentrale körperliche und seelische Empfindung unserer Zeit eigentlich zu technokratisch, zu abstrakt und emotional zu beschränkt. Er verdeckt das menschlich Unfassbare, das Dunkle und Bodenlose, die Machtlosigkeit und den Abgrund, der hinter der Klimakrise steht, und auch die in der Bevölkerung sehr genau registrierte Wahrnehmung der Orientierungslosigkeit und Fahrlässigkeit, mit der bisher damit umgegangen wurde.

Weltweit haben Menschen Angst vor dem sogenannten »Klimawandel«. Eine repräsentative Umfrage des Marktforschungsunternehmens Kantar mit 17 000 Teilnehmern in 17 Ländern ergab, dass 95 Prozent der Befragten das Klimathema für eine sehr große, ernste Bedrohung halten und 80 Prozent sich strengere Maßnahmen ihrer Regierungen wünschen. Die meisten Menschen wissen intuitiv, dass sich die Klimakrise nicht wie eine Schlechtwetterphase überstehen lässt, bei der zwar der Keller überschwemmt wird, das Leben danach aber de facto so weitergeht wie vorher.

Benutzt man für den Zustand, in dem wir uns befinden, allerdings ein Wort wie »Klimawandel«, dann spricht daraus nicht allein eine Unterschätzung des Phänomens, sondern vielleicht auch ein zwar verständliches, aber nicht hilfreiches Bemühen um Deeskalation. Begriffe wie »Klimawandel«, die in allen Sprachen üblich sind (vgl. etwa »Climate Change«, »Changement Climatique«), assoziieren eine normale, eher leichte Veränderung, einen überwindbaren Störungszustand. Sie verraten nichts über die gravierenden, uns von den Füßen fegenden Folgen der Erderwärmung, die wir bereits im Ansatz spüren und die den Planeten über Jahrtausende im Griff halten werden, da jedes Gramm CO_2 in der Atmosphäre 1000 Jahre und mehr zu seinem Zerfall benötigt. Eine Bezeichnung wie »Klimawandel« hat sich durch das Klimageschehen der Gegenwart überholt. Sie verwirrt, wirkt unzutreffend und trügerisch. Sie verschleiert den Status und den Umfang der Krise, in dem wir angekommen sind und rahmt das reale Geschehen falsch ein. Sie erzählt nichts von der zerstörerischen Kraft dieser Krise, dem Sterben der Ozeane, dem Schmelzen der Eisschilde, dem Absterben unserer Böden oder der Vernichtung der Arten, die zu den irreversiblen Veränderungen gehören, die die Menschheit mit ihrem Verhalten verursacht hat.

Die Begriffsunsicherheit bei der Bezeichnung der Krise weist auf eine Handlungsunsicherheit hin, nicht nur, aber vor allem in der Politik und der Wirtschaft: Wenn ich vom »Klimawandel« spreche, rücke ich das Problem von mir weg, wenn ich von der »Klimakrise« spreche, ziehe ich es an mich heran, muss dann aber auch handeln, Gesetze und Veränderungspläne vorlegen, genau wissen, was zu tun ist.

Weiterhin gehen die Länder der Welt sehr unterschiedlich mit den Anstrengungen gegen die Klimakrise um. Selbst im Nordwesten des europäischen Kontinents, ja selbst innerhalb Deutschlands sind die Abweichungen groß. Schutzmaßnahmen werden je nach Parteibuch für unterschiedlich dringend gehalten und deshalb je nach Bundesland in unterschiedlichem Tempo verfolgt. Viele Bundesländer kämpfen seit Jahrzehnten gegen den Ausbau von Windenergieanlagen, einige Länder waren bis vor Kurzem noch stolz darauf, ihre Abstandsvorgaben für Windanlagen so festzuschreiben, dass möglichst gar keine gebaut werden konnten. Auch übertriebene Naturschutzverfahren dienten oft lediglich dazu, den Windausbau möglichst zu verhindern. Eine solche Verzögerungshaltung erscheint mittlerweile grotesk angesichts der Lage, in der wir uns befinden.

Die immense politische Uneinigkeit, was den Kampf gegen die Klimakatastrophe betrifft, spürt heute jeder Mensch, nicht nur in unserem Land. Sie kostet Vertrauen in alle Parteien aber auch in das politische und staatliche System als Ganzes. Die soziale Furcht vor katastrophalen Auswirkungen der Klimaentwicklung nimmt dadurch aber nicht ab. Denn es gibt noch gar kein Bild davon, was konkret ansteht. Die Ausgestaltung eines ökologischen Sozialmodells beispielsweise ist bisher wenig bis gar nicht politisch ausdifferenziert worden, dabei hat es wahrscheinlich zentrale Bedeutung für die gesellschaftliche Akzeptanz von Transformationsmaßnahmen. Zermürbende Abstiegssorgen stehen somit direkt neben der Angst, dass wir die planetaren Folgen des Klimawandels durch mangelndes Handeln nicht mehr in den Griff bekommen werden. Für die Deutschen ist der Klimaschutz im April 2023 das wichtigste Problem auf der politischen Tagesordnung (ARD-Deutschlandtrend). Doch nur zehn Prozent glauben daran, dass die Energiewende gelingen wird. Den Versprechen der Politik vertrauen die Bürger*innen in Deutschland immer weniger, die allermeisten glauben nicht, dass der Klimaschutz ernst genug genommen und professionell gehandhabt wird.

Dass wir an der Klimakrise selbst schuld sind, ist darüber hinaus eine bedrückende Hypothek. Man braucht Trost, um darüber nicht in Depression zu verfallen. Allerdings darf Selbstanklage nicht darüber hinwegtäuschen, dass wir es bei der Klimakrise grundsätzlich mit strukturellen und industriellen Ursachen zu tun haben sowie mit jahrzehntelangen massiven Versäumnissen der politischen Anführer, was die Abkehr von gängigen fossilen Verfahren anbelangt. Da wir in eine Phase der Zuspitzung unserer Klimaprobleme einmünden, bedeutet Uneinigkeit im politischen Spektrum auch eine immer substanziellere Krise der Politik. Die maßgeblichen und schwersten Versäumnisse liegen allerdings vor allem in der

Vergangenheit. Politische Führer vergangener Jahrzehnte haben sich nie intensiv auf die Klimadiskussion eingelassen, sie haben den Klimawandel nie ernst genommen, ihn als Krise eigentlich unterschlagen, er wurde politisch nie priorisiert. Jede Regierung der vergangenen 30 bis 40 Jahre hat es an einer halbwegs realistischen und daher notwendigerweise dramatischen Bewertung der Klimakrise fehlen lassen. Entsprechend war das Folgehandeln vollkommen mangelhaft. Ein Erkenntnisproblem gab es dabei nicht. Die Flutkatastrophen an Ahr und Erft im Sommer 2021 und auch in Italien im Frühjahr 2023 waren für das fehlende Krisenverständnis ein plakatives Symbol: Fehlerhafte Baugenehmigungen, fehlender ökologischer wie auch technischer Hochwasserschutz, darin bestanden die großen präventiven Versäumnisse. Dass die Krisenbewältigung im Ernstfall nicht funktionierte, dass es mangelhafte Warnketten gab und katastrophal vernachlässigte Alarm- und Einsatzpläne, war dann »nur noch« eine Folgewirkung.

Selbst an der Ahr, in einem Gebiet mit einer langen Geschichte von Hochwasserereignissen, waren Verwaltungen und Politik in keiner Weise auf die Katastrophe vorbereitet. Niemand in Verantwortung hatte sich um eine veränderte Klimasituation gekümmert. »Wir reisen als deutsche Gesellschaft immer noch auf dem Schönwetterticket«, sagt der Starkregenforscher Christian Kuhlicke am Helmholtzzentrum der Universität Potsdam. »Dabei ist es draußen schon längst stürmisch und ungemütlich. [...] Was fehlt, ist eine übergeordnete Strategie.«

Der amerikanische Kulturtheoretiker Fredric Jameson prägte das Bonmot: »Es ist einfacher, sich das Ende der Welt vorzustellen als das Ende des Kapitalismus«. Er sprach aus, worunter die Epoche der Postmoderne immer stärker leidet, die sich gleichzeitig zum Zeitalter der sich final zuspitzenden Klimakrise entwickelt: dem Verlust von Zukunft. Dieser Verlust liegt wahrscheinlich nicht nur an mangelndem Verwaltungshandeln oder der Komplexität technisch vorstellbarer Lösungswege, sondern ganz grundsätzlich an der Unmöglichkeit, sich noch mit gesellschaftlichen Alternativen zur neoliberalen Ausprägung der Marktwirtschaft zu befassen. Das hieße schließlich, sich einmal ohne die Verkündung märchenhafter Wachstumsfantasien auf irgendeine politische Bühne zu trauen. Weniger Wachstum ist jedoch verboten. Ohne das Wort »Wohlstandsmehrung« geht es nicht. Auch ist der Freiheitsbegriff dermaßen deformiert worden, dass wir beispielsweise ein vor dem Hintergrund der Klimakrise längst notwendiges Tempolimit, dem die Bevölkerung sogar mehrheitlich zustimmt, nicht mehr einführen können. Wie sollten Regierende da weitergehende Umstellungen oder gar Einschränkungen verlangen?

Wir haben immer noch nicht begriffen, dass wir mit jedem Gramm CO_2, das wir ausstoßen, den nächsten Generationen ein Stück Freiheit für mindestens tausend Jahre wegnehmen.

Der größte Freiheitsraub besteht jedoch darin, dass wir nicht längst offiziell in den Klimakrisenmodus umgeschaltet haben und uns stattdessen über jede gerade noch zumutbare Form der Verhaltensänderung zerstreiten. Eine im Grunde angstvolle, vorsichtige Politik ist jedoch keine, die für den Krisenmodus ausreicht. Wir werden die sogenannte »große Transformation« nicht schaffen, wenn nur jeder Bürger seinem Nachbarn erzählt, was er jetzt nicht mehr tun darf. Die in Hinsicht auf die Klimarettung schädlichsten Dinge müssen angepackt und mit klaren Regelsätzen möglichst rasch eingehegt werden; es sollte darüber hinaus regelmäßig und ausführlich über Fortschritte in der Krisenbekämpfung berichtet werden. Diese Fortschritte könnten ein utopischer Horizont sein, der uns bisher fehlt. Dass er uns bitter abgeht, stellen auch die Soziologen Carolin Amlinger und Oliver Nachtwey in ihrer Gesellschaftsstudie *Gekränkte Freiheit* fest. Darin stellen sie heraus, dass Maßnahmen zum Klimawandel in der Zukunft immer stärker zu Triggerpunkten eines verdinglichten Freiheitsverständnisses werden können, wie ich im weiteren Text noch erläutern werde. Dahinter steht nach Ansicht der beiden Soziologen ein enttäuschter

Hyper-Individualismus, der äußerst kränkungsanfällig ist und gesellschaftliche Übereinkünfte wie beispielsweise das Zahlen von Steuern, das Tragen eines Mund-Nase-Schutzes oder eine gendersensible Sprache als Beschränkung betrachtet.

Gegen das Klimaunheil ist aber nicht anzukommen, indem man es möglichst nicht ausspricht oder in Erzählungen über technologische Zaubereien abschweift, um solche Kränkungen zu vermeiden. Beginnen müsste eine aktive Klimapolitik mit einer intensiven Aufarbeitung vergangener Fehler. Das Verfehlen großer Zielmarken der CO_2-Reduktion im Gebäude- und Verkehrssektor wird seit Jahrzehnten geduldet. Eine schlüssige Bestandsaufnahme der Vernachlässigungen, eine selbstkritische und umfassende Erklärung für diese Versäumnisse wurde nie abgegeben. Veränderungen in diesen Sektoren müssen jetzt schnellstens ergriffen werden, sie erfordern jedoch tiefgreifende und konsequente Maßnahmenpakete und Gesetze, die politisch intensiv vorzubereiten sind. Schließlich können solch einschneidenden Veränderungen für eine Bevölkerung nicht ohne Zusammenhang, ohne konkrete und ausreichende Hinführung und vor allem ohne eine nachvollziehbare Erläuterung herbeigeführt werden. Dafür ist auf politischer Ebene ein fester Boden der Argumentation zu bereiten, der ein »kollektives Lernen« ermöglicht, wie Amlinger und Nachtwey es nennen. Genau das ist in der Klimakrise notwendig. Dafür wäre diese Krise jedoch zunächst überhaupt als Hauptthemenfeld des politischen Handelns anzuerkennen und offensiv zu priorisieren, was bisher nie ausreichend geschehen ist. Politik hat, realistisch betrachtet, inzwischen jedoch gar keine andere Möglichkeit mehr, als den Wandel zu klimaneutraler Produktion und klimaneutralem Leben zu ihrem zentralen Handlungsziel zu erklären. Bisher hat sie sich dazu allerdings immer noch nicht durchgerungen.

In der ökologischen Transformation gewinnen Fragen der konkreten energetischen Versorgungssicherheit, der systematischen Vorsorge vor Gefahren und der sozialen Sicherheit eine noch höhere und vorrangige Bedeutung. Über alles drei muss zuerst regierungsseitig Klarheit und Einigkeit erreicht werden. Die Plattform dafür sollte ein Fahrplan für Dekarbonisierung sein, den jedes Unternehmen und jeder Bürger kennt und der ökologische wie finanzielle, technische wie infrastrukturelle, ethische wie soziale Ziele und Ebenen abdeckt. Eine vorausschauende Planung, die Sicherheit gibt und eine Ambition ausstrahlt, die weit über die dürren Zahlen an noch zu bauenden Windrädern hinausgeht. Darüber wäre dann auch Solidarität einzufordern. Indem Politik in diesen Dimensionen sicher auftritt, gewinnt sie Spielraum, die notwendige Transformation stärker zu führen und zu orchestrieren als bisher geschehen.

Die Aporie eines Marktes für Klimazerstörung

Die bisherige Hauptstrategie der Europäischen Union und auch Deutschlands zur Emissionsminderung klingt verführerisch einfach. Aber sie ist gescheitert. Sie bestand darin, die gesetzten Klimaziele über einen rein marktbasierten Steuerungsmechanismus zu erreichen, der Preise für die Umweltzerstörung finden und dadurch die gewünschte CO_2-Minderung herbeiführen sollte. Dieser Weg ist bisher weitgehend wirkungslos geblieben. Die gewählte Methode erschien vor allem den Advokaten eines reinen Marktprinzips immer als bestechender Weg. Ihr wesentliches Prinzip, die Versteigerung von sogenannten »Verschmutzungszertifikaten« für CO_2 an einem neu installierten Markt, sollte wie folgt funktionieren: Rechne die noch zur Verfügung stehende Zeit bis 2050 und die zu erreichende Gradzahl von maximal 1,5 Grad Celsius auf die dann noch erlaubten Tonnen an CO_2 um. Verteile diese Tonnen auf die Anzahl an Jahren bis zum Zielzeitpunkt (2050) und lasse den Markt durch das Wirken von Angebot und Nachfrage ein Preisschild pro Tonne der noch zugelassenen CO_2-Verschmutzung, also je Tonne Klimazerstörung, ermitteln. Die durch den Emissionsmarkt bepreisten Zerstörungszertifikate sollten dabei durch eine langsame Kürzung der in den Markt gegebenen Zertifikate immer teurer werden.

Der sogenannte »Europäische Emissionshandel« (ETS = Emissions Trading System) existiert seit 2005. Er ist bisher das zentrale europäische Steuerungsinstrument, um bis zum Jahr 2050 eine Klimaneutralität des Kontinents von netto-null zu erreichen. Obwohl der Emissionshandel gerade weltweit intensiviert wird, wächst langsam die Kritik an seiner Wirksamkeit. Es führt kein Weg mehr an der Erkenntnis vorbei, dass sich dieses System bisher als untauglich erwiesen hat. Zum einen, weil von Anfang an zu viele kostenlose Zertifikate in Umlauf gebracht wurden, zum anderen, weil bisher nicht alle emittierenden Sektoren in den Handel einbezogen worden sind. Seit Jahren bestehen darüber hinaus immer neue Überangebote am Markt, da aus Angst, Unternehmen könnten ihre Produktionsanlagen in ein Land außerhalb Europas, also ohne Emissionshandel, verlegen, viel zu viele Gratiszertifikate staatlich verteilt wurden.

Ein weiteres erhebliches Manko des Emissionshandels ist, dass ihm die langfristig wirkenden Anreize fehlen. Die Preissignale eines Handelssystems führen allenfalls zu kurzfristig orientierten Optimierungen. Die gesamte Entwicklung im Bereich der Windkraft und vor allem im Bereich der Photovoltaik hätte es mit einem reinen Emissionshandelssystem niemals gegeben. Die Lernkurveneffekte wären dann ebenfalls nicht ausgelöst worden, die technischen Wirkungsgradsteigerungen wären folglich nie erreicht worden.

Auch der Luftverkehr wurde zwar inzwischen in den Handel integriert, jedoch mussten bisher nur innereuropäische Flüge mit Zertifikaten abgedeckt werden und davon wurde wiederum ein hoher Teil kostenlos zugeteilt. Da auf diese Weise keine Knappheit im Markt herrschte, stiegen die Preise für Klimazerstörung nicht, sondern verharrten lange Jahre auf einem lächerlich niedrigen Niveau von drei, vier oder fünf Euro pro Zertifikat und nicht auf dem erwarteten Mindestpreis von 30 Euro. Die Industrie freute sich, denn sie hatte eigentlich mit deutlich höheren Preisen gerechnet; folglich sanken aber auch die Emissionen nicht stärker, die Lenkungswirkung trat gar nicht ein oder war viel zu schwach ausgeprägt. Die Aufrechnung dessen, was geschehen ist, klingt makaber: Zwischen den Jahren 2013 und 2021 haben die EU-Staaten 88,5 Milliarden Euro mit dem Verkauf von CO_2-Zertifikaten eingenommen, dagegen wurden Zertifikate im Wert von 98,5 Milliarden Euro an die Industrie verschenkt, ohne diese an CO_2-Senkungsmaßnahmen zu knüpfen.

Das zweite große Manko lag darin begründet, dass man lange Zeit nicht handelte, als der Markt nicht funktionierte. Reparaturmaßnahmen des Emissionshandels durch die Kürzung der im Markt befindlichen Zertifikate-Mengen gab es erst seit 2012 und auch sie haben bisher keine ausreichenden Effekte gezeitigt, da sie nicht entschieden genug waren. Der Verkehrs- und der Gebäude-Sektor blieben weiter ausgeklammert, diese Bereiche haben daher praktisch nie einen Zwang zu Minderungszielen erfahren. Dies soll sich nun ab 2027 ändern. Doch auch die Pläne für einen »Emissionshandel 2 (ETS 2)« sind wahrscheinlich zu vorsichtig gedacht und werden kaum funktionieren. Die jetzt in einem zweiten Handelssystem geeinten Sektoren der Autofahrer und Heizungsbesitzer passen nicht zusammen, weil ihre Vermeidungskosten völlig unterschiedlich sind. Bis ein Autofahrer sein Auto wechselt oder abschafft, braucht es einen Zertifikatepreis von mehreren Hundert Euro. Damit wäre ein Mieter oder Hauseigentümer für seine Heizkosten jedoch finanziell an die Wand gedrückt. Daher hat man schon jetzt entschieden, dass der Preis für den ETS 2 vorerst bei einem Maximalpreis von 45 Euro pro Zertifikat abgeriegelt wird. Demzufolge wird auch von diesem Markt keine maßgebliche CO_2-Minderung für den Verkehr ausgehen, er wird allerdings einen Dschungel an neuer Bürokratie auslösen.

Ein sogenannter »Fuel Switch«, also ein Wechsel von fossilen auf weniger schädliche oder erneuerbare Quellen der Stromerzeugung oder des Heizens, allein aufgrund des CO_2-Preies am Handelsmarkt, hat seit 2005 nicht stattgefunden. Weil mit dem Zertifikate-Handel kaum etwas bewirkt wurde, brauchten wir am Ende ein Kohleausstiegsgesetz. Auch hat niemand bisher seine Heizung erneuert, weil steigende Emissionszertifikate-Preise den Energiebezug von Öl oder Gas geringfügig verteuert haben, und nur wenige haben ihr Auto wegen steigender Benzinkosten getauscht oder abgeschafft. Damit ist das zentrale europäische Instrument der Emissionsminderung seit annähernd 20 Jahren praktisch wirkungslos geblieben. Es liegt auf der Hand, dass wir uns solch schwache Instrumente, solche Umwege und Irrwege nicht mehr leisten können. Das einzig wirksame System zur Verdrängung fossiler Verbrennung ist bisher das Erneuerbare-Energien-Gesetz geblieben, das den Strom aus regenerativ betriebenen Anlagen gefördert hat.

Die Zeit, die wir noch haben, um eine sich unter Umständen zur Katastrophe ausweitende Klimakrise wenigstens abzudämpfen, wird immer knapper und es ist erwiesen, dass direkte Regulierungsmaßnahmen schneller wirken und vor allem sozial besser gesteuert werden können als pauschal wirkende Preissysteme über einen Handelsmarkt. Es ist schlicht kein Angebot an eine Gesellschaft, nach einer Formel vorzugehen, die da heißt: Ich mache das Heizen oder das Autofahren so lange teurer, bis es sich große Teile der Bevölkerung nicht mehr leisten können. Dies kann auch nicht das Ziel einer vernünftigen Staatsführung sein. Das Handelsinstrument des ETS ist daher durch gezielte und direkt wirkende Reduktionsmaßnahmen von CO_2 zu flankieren, wenn nicht zu ersetzen. Flankierung heißt an dieser Stelle, dass man sich von der »unsichtbaren Hand des Marktes« als alleinigem Instrument der Emissionsminderung verabschieden muss. Geschätzt wird sie, weil sie den Absender verschleiert und damit ohne jede vom Staat verhängte Regel auskommt. Für die Bekämpfung einer Krise reicht dies aber nicht aus.

Risikobuchhaltung

In der Führung von Organisationen und Unternehmen ist es üblich, jedes Strategiepapier mit Risiko-Abwägungen zu vervollständigen und diese jeweils mit einem Preisschild zu versehen. Risikoabwägungen und vor allem die dazugehörenden Kostenschätzungen werden oft auch für die Klimakrise eingefordert. Der Einsatz einer einigermaßen plausiblen Risikoabwägung hat in Organisationen einen erstaunlich beruhigenden Effekt – auf Aktionäre, Gesellschafter und Geldgeber, was damit zu tun hat, dass Risiken in modernen Gesellschaften allgemein mit Geld bewertet werden. Ein über Euro-Zahlen kalkulierter Schaden kann durch Gegenmaßnahmen gebannt werden, er ist planbar, bezahlbar oder er ist versicherbar.

In der Soziologie hat bei der Betrachtung von Gesellschaftsrisiken seit Ulrich Becks fundamentaler Arbeit über die »Risikogesellschaft« im gleichnamigen Buch von 1986 eine neue Sichtweise Einzug gehalten. Beck hat unseren Blick für soziale Risiken geschärft, die in Gesellschaften vorher nie intensiver betrachtet, geschweige denn beziffert oder bezahlt wurden. Der Soziologe konzentrierte sich in seinen Betrachtungen beispielsweise auf enttäuschte biografische Erwartungen, darunter die des sozialen Aufstiegs durch den sogenannten »Fahrstuhleffekt« des Wachstums, der im späteren 20. Jahrhundert erste Risse bekam. Er richtete seine Aufmerksamkeit aber auch auf gesellschaftliche Schäden in Form von Umwelt- und Technikrisiken, für die niemand Verantwortung übernimmt, die sich jedoch in ihren wesentlichen Effekten weltweit vor allem sozial niederschlagen. Gerade diese Risiken, so Beck, würden steigen. Dabei würden gleichzeitig ihre Verursacher zunehmend unsichtbarer werden. Auch der Zeitpunkt ihres Eintreffens sei zeitlich und örtlich immer kontingenter geworden.

Worauf sich Beck vor allem bezog, ist die Kontingenz-Bedingung, also die Zufälligkeit des Auftretens von Risiken und Gefahren, die ein Leben unter unvorhersehbaren Umweltrisiken immer mehr ausmachen werden, und für die niemals »Täter« zur Rechenschaft gezogen werden. Verheerende Risse in den biografischen Erwartungen aller dort lebenden Menschen zeitigt die Klimakrise bereits heute auf der Südhalbkugel, abseits der technisch hochentwickelten Welt des Nordwestens. In zahlreichen Regionen des globalen Südens kann bereits von einer eingetretenen Klimakatastrophe gesprochen werden. Den Klimawandel haben bisher im Wesentlichen die Staaten der Nordhalbkugel verursacht, die am stärksten vom Klimawandel Betroffenen sind vor allem diejenigen, die auf der Südhalbkugel leben und weiter leben müssen. Massenumsiedlungen beginnen bereits, allein in Zentralafrika sind nach Schätzungen des UNHCR (United Nations High Commissioner for Refugees, Hochkommissar der Vereinten Nationen für Flüchtlinge) mehr als 50 Millionen Menschen als IDPs (Internally displaced people, Binnenflüchtlinge) unterwegs. Viele Menschen haben nicht die finanziellen Mittel, um aus den gefährdeten Gebieten abzuwandern. Sie saßen schon immer in der Falle der Armut, jetzt haben sie auch noch klimatisch die Folgen unseres Wohlstands auszubaden.

Insgesamt haben durch die Klimakrise verursachte Umweltschäden in Deutschland seit dem Jahr 2000 bis 2021 einen Schaden von mindestens 145 Milliarden Euro verursacht, meldete die Tagesschau am 18. Juli 2022, das heißt, Klimaschäden kosten uns mittlerweile knapp 7 Milliarden Euro pro Jahr. Diese Summe stelle eine Untergrenze dar, sagte die Tagesschau. Allein die beiden Hitzesommer 2018 und 2019 mit den Flutunglücken an Ahr und Erft hätten mit 80 Milliarden zu Buche geschlagen. Es gäbe jedoch eine Reihe von Schäden, beispielsweise den Verlust an Biodiversität, die sich gar nicht in Geld umrechnen und darstellen ließen. Wie berechnet man den Schaden aus der Zerstörung eines Elternhauses aufgrund schlampiger Behördenarbeit an der Ahr? Und wer bezahlt ihn? Wie beziffert man den globalen Schaden, der durch das Abholzen der Amazonaswälder entsteht, durch eine aussterbende Tierart, durch schmelzende Gletscher, durch die Boden- und Wasserschäden als Folge verheerender Überdüngung oder den ökologisch fragwürdigen Abbau von seltenen Erden? Was kostet die Verunreinigung der Meere, deren Schäden wir nicht ansatzweise erfassen können, indem wir nur den Verlust an Fischfleisch hochrechnen? Weltweit haben meteorologische Extremereignisse kürzlich allein in einem einzigen Jahr – es war das Jahr 2021 – Schäden von insgesamt 280 Milliarden US-Dollar verursacht (nach Auskunft der Rückversicherungs-Gesellschaft Münchener Rück).

Klimaexperten der Wirtschaftsprüfungsgesellschaft Deloitte erstellten im Auftrag des Umweltbundesamtes im November 2022 eine Studie für das global berechnete Klimarisiko. Sie stellten fest, dass sich bei ausbleibendem Klimaschutz zum Ende des Jahrhunderts ein weltweiter Einbruch des Bruttoinlandsprodukts um mindestens ein Drittel berechnen lasse. Hauptschäden seien Ernteeinbußen aufgrund von Hitze und Dürre, Flutschäden und Migration sowie gesundheitliche Probleme, vor allem für Vorerkrankte, Kinder und Senioren. Die gesundheitlichen Schäden seien nicht zu berechnen, allenfalls in zurückgehender Produktivität der Bevölkerung abzuschätzen. Die Analysen von Deloitte ergaben auch, dass sich selbst hohe Investitionen in Klimaschutz in Deutschland ab dem Jahr 2038 »rechnen« werden, da die Kosten zur Beseitigung der Schäden dann die Schutzkosten übersteigen würden. Bei allen Kalkulationen konstatieren jedoch auch die Wirtschaftsprüfer von Deloitte, dass die meisten Umweltschäden für niemanden im Vorfeld genau »berechenbar« sein werden. Entscheidender ist eine systematische Vorsorgeplanung, die Gewicht hat und Geld kostet, gerade weil sie solide ist und auch die genannten, heute schon in Umrissen erkennbaren Gefahren adressiert.

Bereits die Brundtland-Kommission, die als erste »Weltkommission für Umwelt und Entwicklung« im Jahre 1983 von den Vereinten Nationen ins Leben gerufen wurde, erklärte in ihrem Abschlussbericht von 1987, dass es kaum möglich sei, ein Preisschild an Umweltkatastrophen zu heften, vor allem da Fragen der Umweltzerstörung auf das Engste mit Frieden und Sicherheit verknüpft seien. Gerade auf der Südhalbkugel nähme die Zahl der Armen und Ärmsten aufgrund erhöhter Umweltbelastungen immer weiter zu. Wachstum sei dort jedoch unerlässlich, zur Überwindung von Massenarmut und zur Tilgung von Schuldendiensten. Dies führe jedoch zu immer mehr Umweltzerstörung, da jegliche Umweltstandards fehlten. Volker Hauff, langjähriger SPD-Minister für Forschung und Entwicklung sowie für Verkehr, nahm damals als deutscher Vertreter an der Brundtland-Kommission teil. Interessant ist, was er bereits damals und an geeigneter Stelle bis heute immer wieder über die Behandlung von Umweltrisiken gerade in den Entwicklungsländern sagte: »Wenn die Industrieländer – und zwar Regierungen wie private Banksysteme – nicht sehr schnell ihre Buchhaltermentalität gegenüber den Entwicklungsländern ablegen, sind ökonomische und ökologische Katastrophen unausweichlich.«

Zumindest was die zu erwartende Zahl von in Not geratenen Menschen angeht, gibt es mittlerweile Schätzungen durch den Weltklimarat und weitere internationale Studien. Da unter Beibehaltung des jetzigen Umfangs und Tempos der Klimaschutzanstrengungen die Erde zum Jahrhundertende eine Temperaturerhöhung von 2,8 bis 3 Grad erreichen wird, gehen die Schätzungen dahin, dass zwischen drei und vier Milliarden Menschen bedroht und zwischen vier und fünf Milliarden Menschen, also 50 bis 60 Prozent der gegenwärtigen Bevölkerung, von Klimaschäden beeinträchtigt sein können. Die Zahlen stammen aus dem Konvolut der neuesten Berechnungen des IPCC und anderer aktueller Studien. Obwohl der Weltklimarat bisher jedes Jahr seine Prognosen verschlechtern musste, werden auch die aktuell viel deutlicheren Vorhersagen von anderen Forschergruppen immer noch als zurückhaltend eingestuft. Weder die Folgen des Artensterbens seien bei den verschiedenen Zahlenspiegeln berücksichtigt noch die Folgen der Ernährungskrise oder der Migration. Erschütternd ist zudem, dass 2022 die weltweiten Subventionen für den Verbrauch fossiler Brennstoffe noch einmal erheblich, auf fast das Doppelte, angestiegen sind. Global bekämpfen wir den Klimawandel also nicht, wir finanzieren ihn weiter.

Im Einzelnen bedeuten die auf menschliches Leben bezogenen Auswirkungen einer Erderwärmung von rund drei Grad Celsius, dass etwa 13 Prozent der aktuellen globalen Bevölkerung durch Hitze und Dürre in ihren Heimatgebieten gefährdet wären, etwas über 30 Prozent unter bedrohlicher oder beeinträchtigender Wasserknappheit durch versiegende Wasserressourcen litten – darauf muss sich neben Afrika, Asien und Ozeanien vor allem auch Europa einstellen. In der Subsahara ist dieser Zustand bereits heute erreicht. Durch Meeresspiegelanstiege von mindestens einem halben Meter ständen etwa zwei Prozent der Weltbevölkerung in Gefahr, ihre Behausungen zu verlieren. Sollten die Meeresspiegel stärker ansteigen, beispielsweise um einen Meter, was mittlerweile im Bereich des Erwartbaren liegt, würden sich die Auswirkungen potenzieren. Heftige Wirbelstürme bedrohten zum Ende des Jahrhunderts mindestens zehn Prozent der Weltbevölkerung. Insofern wäre die Klimakrise schleichend in einen dann bereits als irreversibel anzusehenden Notzustand des Planeten übergegangen, der mehr als die Hälfte der Erdbewohner beträfe.

Im Januar 2019 meldete der größte kalifornische Gas- und Stromversorger, Pacific Gas & Electric, Insolvenz an. Das Unternehmen war in Zahlungsschwierigkeiten geraten, nachdem es als Mitverursacher schwerer Waldbrände in Kalifornien schuldig gesprochen worden war. Der Brand war durch große Hitze rund um mangelhaft instand gehaltene Stromleitungen ausgelöst worden.

Der Fall des Versorgers Pacific Gas & Electric wird als erster Klimabankrott der Welt angesehen. Er zeigt, wie stark auch Firmen und ihre Aktionäre den Klimarisiken ausgesetzt sind. In einer Welt von drei Grad Celsius gibt es fast keine Region und keine Organisation mehr, die von den Folgen des Klimawandels unberührt bleiben wird. Vernetzte Wirkungseffekte zwischen Klimaveränderung, politischer Instabilität und Migration sind heute kaum zu bewerten. All das heißt wahrscheinlich, dass die Risiko- und Kostenkurve der Klimaschäden nach oben offen ist. Sicher ist jedoch, dass die Kosten für einen ambitionierten Klimaschutz deutlich darunter liegen werden.

Vom Umgang mit Latenzen

Was sind die Handlungsoptionen im Angesicht einer schwerwiegenden Klimakrise, die eine Dauerherausforderung für die Weltgesellschaft sein wird? Im nationalen Raum ist sicherlich ein massiver, möglichst rascher infrastruktureller und energetischer Umbau einzuleiten und zu managen, der Aufruf zu solidarischem Handeln inklusive der Bereitschaft zu Komfort- und Konsumveränderung oder -einschränkung. Ein deutlich stärkeres Präventionsmanagement bis hin zu Geo-Engineering, also dem großtechnischen Eingreifen in den Naturkreislauf der Erde, gehört ebenfalls dazu. Die politischen Herausforderungen liegen dabei in drei Feldern: zunächst in einer selbstkritischen Fehleranalyse, da es eminent wichtig ist, die Verzögerungen der letzten Jahrzehnte anzusprechen und sie intensiv zu erläutern, um Vertrauen zurückzugewinnen und vor allem um den Wechsel in eine Phase der aktiven und gezwungenermaßen rasch handelnden Klimapolitik glaubhaft zu begründen. Zweitens ist eine klare und umfassende Analyse und Erläuterung der aktuellen Klimasituation zu leisten, die die nationale Lage erklärt, aber auch eine globale Einordnung vornimmt. Dabei sollte nicht ausgespart werden, dass die 1,5-Grad-Schwelle nicht mehr erreichbar erscheint. Auch hierzu muss eine Haltung erkennbar werden. Schließlich muss es um die Vorlage einer von der Analyse ausgehenden und der Schwere der Krise angemessenen Maßnahmenplanung gehen, die in der Bevölkerung verstanden werden kann und dann, für alle merkbar, konsequent und planvoll in Verwaltungshandeln umgesetzt wird.

Warum sagt jedoch bisher niemand klar und deutlich, dass die vielbeschworene 1,5-Grad-Grenze der Klimaerwärmung längst unerreichbar geworden ist? Warum erklärt uns niemand, was das zu bedeuten hat? Warum gibt bisher kein Politiker zu, dass wir mit dem aktuell eingeschlagenen klimapolitischen Kurs auf eine globale Erwärmung von rund drei Grad, relativ zum späten 19. Jahrhundert, hinauslaufen, und warum erklärt niemand, wie wir uns besser auf die Klimakrise vorbereiten und einstellen können? Welcher Weg der Kommunikation über die Gefahr und die Unterrichtung einer Gesellschaft ist der richtige?

Es ist inzwischen offensichtlich, dass Klimaschäden sehr große Teile der Menschheit treffen werden. Die Frage ist nur, wann und wo dieser Fall jeweils eintreten wird. Ohne jede grundsätzliche politische Einordnung fielen die zahlreichen Klimakatastrophen-Nachrichten des Sommers 2023 wie ein psychologisches Dauergewitter auf die Gemüter der Bürger. Jeder Tag brachte einen neuen Erdrutsch, eine neue Überflutung, eine neue Hitzewelle irgendwo in Europa. Im Wirtshaus, aber auch in Diskussionen zwischen den sogenannten »Eliten« wurde weiter darüber gestritten, ob es sich um Klima oder doch nur um eine Wetterkapriole handelte. Es kann sicherlich nicht jeder Erdrutsch kommentiert werden, eine Erwähnung beispielsweise des Verschwindens der Alpengletscher wäre jedoch zur Einordnung dessen, was klimatisch in unserer Umgebung geschieht, auch von politischer Seite angebracht.

Als Albtraumszenario gilt für den deutschen Klimaforscher Stefan Rahmstorf eine für die nächsten Jahrzehnte nicht ausgeschlossene gleichzeitige Dürre mit Ernteausfällen in den großen Kornkammern der Nordhalbkugel, im Westen Nordamerikas und Russlands, in Westeuropa und der Ukraine. Eine solche Dürre würde die Getreidepreise bei den Abnehmern in Nordafrika massiv in die Höhe treiben und dort sehr wahrscheinlich heftige Bürgerkriege auslösen. Die Kriegs- und Klimaflüchtlinge aus Nordafrika hätten dann kein anderes Ziel als Mittel- und Nordeuropa, da es relativ, also geografisch gesehen, am nächsten liegt und auch Südeuropa längst zu heiß geworden wäre. Bereits im Sommer 2010 hatte eine Dürre in Russland den »Arabischen Frühling« ins Rollen gebracht, der sich an massiv steigenden Brotpreisen entzündete. Und auch die Revolte in Syrien im März 2011 war die Folge einer schlimmen Dürre in dieser Region. Starke Klimaeffekte haben schon oft destabilisierende Effekte auf Gesellschaften gehabt und schwere gesellschaftliche und politische Dynamiken ausgelöst.

In der Klimakrise haben wir es allerdings mit mehrdimensionalen Latenzen zu tun, also verzögerten, nichtlinearen, chaotischen Effekten mit jeweils schweren Folgen, deren Eintreffen jedoch niemand – weder örtlich noch zeitlich – exakt vorhersagen kann. Latent ist eine Sache oder ein Zustand, die bzw. der noch nicht in Erscheinung getreten, aber erwartbar ist. Latenzen der Klimakrise könnten eine Erklärung dafür sein, warum Politiker davor zurückschrecken, die Gefahr einer Klimakatastrophe näher zu beschreiben. Immer kann ihnen jemand vorhalten, dass eine prognostizierte Entwicklung gerade noch nicht eingetreten ist. Zu den Latenzen der Klimagefahren gehören in jedem Fall die klimatischen und ökologischen Kipppunkte, die in der Forschung intensiv beschrieben worden sind.

Die klimatischen Situationen auf dem Globus sind darüber hinaus sehr unterschiedlich, was eine Lagebeschreibung kommunikativ anspruchsvoll macht. In großen Teilen Afrikas kann man bereits von einer katastrophalen Klimasituation sprechen, in Teilen Indonesiens, Asiens und Amerikas ebenfalls. Die Verhältnisse und

Ereignisse in den betroffenen Gebieten dort wirken wie eine Vorspultaste für das, was uns erwartet, wenn die globale Erwärmung ungebremst fortschreitet. Niemand geht mehr davon aus, dass Klimaereignisse den europäischen Kontinent auslassen werden oder dass es die Kipppunkte nicht gibt und dass Deutschland davon nicht ebenfalls massiv betroffen sein wird, wenn sie ausgelöst sind.

Die Kommunikation über eine latent existenzbedrohende Klimagefahr ist so schwierig, weil ihr Eintreten in der Zukunft liegt und sie als Risiko dramatisiert, minimiert oder schlicht geleugnet werden kann, solange sie noch nicht eingetreten ist. Die Definition der Klimakrise setzt im Grunde schon die Akzeptanz und ein Wissen darüber voraus, was sich ereignen wird. Ein solches Wissen oder eine solche Vorstellung muss sich im Grunde bereits entwickelt haben, bevor man über die Klimakrise spricht. Eine einzige Regierung, die die Situation ernst nimmt, hat es darüber hinaus schwer, eine allgemeine Akzeptanz für die Klimakrise in nur vier oder fünf Jahren zu erzeugen. Sie hat dafür nur wenig Zeit, weil sich im nationalen Raum die politischen Ergebnisse alle paar Jahre radikal verändern können. Das Spiel um die neue politische Anführerschaft kann schließlich auch derjenige gewinnen, der die Krise einfach leugnet. Es kommt daher für politische Taktiker darauf an, ein sehr genaues Gefühl dafür zu entwickeln, wie weit die Krise als Krise allgemein verstanden und kulturell akzeptiert ist. Der Effekt gilt allerdings auch umgekehrt. Sollte das kulturelle Verständnis über die Gefahr der Klimakrise in der breiten Bevölkerung vorhanden sein, werden jene Parteien verlieren, die versuchen, diese für die Menschheit existentielle Krise nicht ernst zu nehmen, zu minimieren oder zu leugnen.

Die nichtlinearen, chaotischen Erwärmungsfolgen sind auf jeden Fall Effekte, die uns in Zukunft doppelt negativ belasten werden. Ein Beispiel dafür ist die Fähigkeit warmer Luft, deutlich mehr Wasserdampf aufzunehmen, als es kühlere Luft kann. Wir spüren diesen Effekt bereits, eine Erklärung dafür fehlt jedoch. Die Aufnahmefähigkeit der Luft wächst exponentiell mit dem Anstieg der

Lufttemperatur und führt bereits heute zu stark vermehrten Extremniederschlägen, vor allem in Mittel- und Nordeuropa, die wir beginnen zu erleben. Die Folge der Klimaerwärmung in unseren Breitengraden ist daher nicht einfach eine schöne Mittelmeertemperatur, sondern ein drastischer Wechsel von Starkregenzeiten und extremen Dürreperioden mit ausgedehnten Perioden, in denen regelmäßig Tagestemperaturen von 35 bis 45 Grad Celsius erreicht werden. Die jetzt schon verhältnismäßig warmen Regionen im Mittelmeerraum, in Mittel- und Südamerika, aber auch den USA, in Südafrika, Südasien und Australien werden durch die Erderwärmung einfach austrocknen. Für die Landwirtschaft werden diese Gebiete vollständig verloren sein. Selbst normale Niederschläge verdunsten dort in der erhitzten Luft sofort. Ein anderer nichtlinearer Latenzeffekt, der uns bald erreichen kann, ist Wasserknappheit, eine Gefahr, die ebenfalls mit jedem Zehntelgrad Erderwärmung exponentiell zunimmt.

Einer der komplexesten Latenz-Effekte ist der Vorgang der Eisschmelze an den Polen. Die Schmelze vollzieht sich sukzessive über mehrere Jahrhunderte und wird gewaltige Effekte für den Planeten nach sich ziehen. Niemand kann jedoch das Auslösen dieser Kipppunkte ganz genau bestimmen. Es ist für einige Forscher wahrscheinlich, dass der Kipppunkt des Grönlandeises bereits erreicht ist, denn die Schwelle von einem Grad Celsius globaler Erwärmung wurde bereits überschritten. Relativ sicher erscheint außerdem, dass die Kipppunkte der sommerlichen Meereisdecke der Arktis und der der Korallenriffe in den niedrigen Breitengraden überschritten sind. Dass es in diesen Bewertungen noch Unsicherheiten gibt, heißt jedoch nicht, dass diese auffälligen wissenschaftlichen Nachrichten ohne Einordnung bleiben sollten. Gerade im Hinblick auf die Aktionen der Gruppe der »Letzten Generation« täte eine Bewertung und damit auch eine Versachlichung gut.

Seit 2015 befindet sich der Planet in der Phase des Korallensterbens, bei einer globalen Erwärmung von zwei Grad werden voraussichtlich alle Korallenriffe abgestorben sein. Dies scheint auf den ersten Blick eher eine touristische Enttäuschung zu sein als ein schwerwiegendes Klimaproblem. Der gewaltige Schaden, den die toten Riffe bedeuten werden, ist nur für wenige Menschen mit Spezialwissen einschätzbar. Korallenriffe werden als »Regenwälder der Meere« bezeichnet. Sie sind genauso artenreich und klimasensibel wie der tropische Regenwald. Fast alle in und mit den Korallen lebenden Arten werden mit den Riffen für immer verschwinden. Auch können Korallen als brüchig werdende, bleiche Ruinen nicht mehr ihre Schutzfunktion als sichere Barriere gegen steigende Meeresspiegel wahrnehmen.

Neue physikalische Entdeckungen rund um die Klimakrise werden ebenfalls zu wenig in allgemeine Erläuterungen der Klimakrise übersetzt. Einen Rutscheffekt haben Forscher beispielsweise in den letzten beiden Jahren an der Unterseite der Grönland-Gletscher ausgemacht. Da durch die wärmere Temperatur der Arktis immer größere Eisstücke der Gletscher in den Ozean abbrechen, erwärmen sie die in das Wasser reichenden Gletscher von unten. Dies führt zur Bildung von Wasserkanälen und rutschbahnartigen Schmelzeffekten im Inneren der Gletscher. Das vollständige Abschmelzen des kilometerdicken grönländischen Eisschildes wird dadurch wie von einem Motor angetrieben. In seiner Vollendung ließe der Schmelzvorgang den Meeresspiegel letztlich um sieben Meter ansteigen. Käme das Schmelzen des westantarktischen Eisschildes hinzu, würde dies weitere drei Meter Meeresspiegelanstieg bedeuten. Der IPCC erwartet im Moment, dass bereits ohne ein Erreichen der Kipppunkte ein Meeresspiegelanstieg von 70 Zentimetern bis zum Ende des Jahrhunderts erreicht sein wird, was mehr als einer Verdreifachung der gegenwärtig bereits hohen gemittelten Anstiege pro Jahr entsprechen würde.

Es scheint so, als wolle man in Deutschland die größtmögliche Distanz zu dieser Problemlage einnehmen, um niemanden zu beunruhigen. Dies ist auch daran zu erkennen, wie sehr man sich begrifflich noch hinter der Problemlage einordnet. Menschen in Verantwortung sprechen von »Umweltproblemen« oder sehr neutral vom »Klimawandel«, von »Klimaschutzmaßnahmen« oder von »klimafreundlichem Handeln«. Schlimmstenfalls benutzen sie den Begriff der »Klimaherausforderungen«. Verwendet jemand den sicherlich zutreffenderen Begriff einer existierenden »Klimakrise« oder weist gar auf eine eventuell drohende oder bereits sich vollziehende »Klimakatastrophe« hin, wird er schnell als »Apokalyptiker« bezeichnet und in die Nähe der Gruppe der »Letzten Generation« einsortiert.

Es wird des Öfteren angeführt, dass noch niemand das genaue Datum für das Kippen des Planeten vorhersagen könne. Das ist richtig. Wesentlicher ist jedoch, dass die Wissenschaft die Existenz der Kipppunkte nicht mehr bezweifelt, auch wenn es weiterhin Diskussionen über die genaue Höhe der sie auslösenden Temperaturschwellen gibt. Mit dem Anspruch einer genauen Vorhersagbarkeit des Datums einer Katastrophe ist darüber hinaus ein seltsames Verständnis von planetaren Vorgängen verbunden. Eine exakte Vorhersage wird auch bei noch steigerungsfähiger Forschungsintensität niemals erreicht werden. Die Eigenschaft der Latenz, also der verzögerten, nicht linearen Reaktionen des planetarischen Systems, ist die essenzielle Eigenart der Natur. Der Planet verhält sich nicht nach unserem Kalender, er wird sich auch nicht exakt nach unseren Rechenmodellen richten. Dennoch haben Klimamodelle einen hohen Wert für die Krisen- und Katastrophenvorsorge. Aus der Latenz einen generellen Zweifel am Klimawandel zu fabrizieren oder ihn gar als Gegenbeweis für die Existenz der Katastrophengefahr abzuleiten hat leider eine lange Tradition.

Es gibt neben dem schwierigen Umgang mit Latenzen weitere konkrete Gründe, warum es in der Politik so unbeliebt ist, sich mit dem Klimathema intensiv zu befassen. Wenn man von oben auf eine Stadt schaut und sich vorstellt, dass jedes Dach, jedes Haus, fast jede Straße und fast jeder Bürgersteig angefasst werden muss, um den Generalumbau zu klimaneutraler Infrastruktur und Lebensweise zu bewältigen, dann kommt man, was die Dimension der Herausforderung angeht, ins Grübeln. Man wird sich fragen, wie dies überhaupt machbar sein soll. Ein gewaltiger Umbau der gesamten materiellen Basis unserer Gesellschaft wird sich jedoch in den nächsten rund zwanzig Jahren vollziehen müssen. Ein einziges Gespräch mit dem Besitzer einer Photovoltaik-Anlage auf seinem Hausdach reicht hingegen aus, um den Stolz und die Freude zu erkennen, die gerade mit solchen Maßnahmen verbunden sein können. Fehlt es jedoch an einer angemessenen »erzählerischen« Begleitung dieser kolossalen Mutation, bleibt diese Metamorphose ungeheuer schwer vorstellbar, sie wird abgewehrt und abgewertet.

Eine Kommunikation der Krise, die sich auf der Höhe des Problems bewegt und nicht aus wahltaktischen Gründen dahinter verborgen bleibt, ist eine wesentliche Aufgabe aktueller nationaler und Weltpolitik. Der politische Sprengstoff, der ohne eine intensiv begleitende Kommunikation entsteht, ist schon jetzt spürbar. Mit Energie- und Klimawende haben wir ein Projekt vor uns, bei dem wir das Land infrastrukturell vollständig neu aufbauen werden. Dazu muss und wird es im wahrsten Sinne zigtausend Baustellen für jeden von uns geben, die uns auch in unseren Alltagen täglich begegnen. Auf solch einen »Zustand« sollte eine Gesellschaft mental vorbereitet werden, sonst bleibt als Reaktion nur Kopfschütteln, Abwehr, Aggression oder Resignation übrig. Wir müssen die Sinnhaftigkeit von Baustellen erklärt bekommen, um uns darüber freuen zu können.

Geo-Engineering

Als der amerikanische Schriftsteller und Vogelkundler Jonathan Franzen im Jahre 2020 einen Essay über den Klimawandel mit dem

Titel überschrieb: »Wann hören wir auf, uns etwas vorzumachen? Gestehen wir uns ein, dass wir die Klimakatastrophe nicht mehr verhindern können«, wurde er der Unwissenschaftlichkeit und Schwarzmalerei geziehen. Inzwischen weisen auch renommierte Klimawissenschaftler wie Hans Joachim Schellnhuber oder Johan Rockström vom Potsdam-Institut für Klimafolgenforschung darauf hin, dass die Klimakrise bereits früher als gedacht katastrophale Ausmaße annehmen kann und daher neben Vermeidungs- auch kurzfristige additive Anpassungsmaßnahmen in den Krisenkatalog aufzunehmen sind.

Jonathan Franzen, der sich schon sehr lange für mehr Klimaschutz starkgemacht hatte, trieb die Argumente für das endgültige Aufgeben von Klimaschutzmaßnahmen in seinem Essay regelrecht auf die Spitze: Er sagt, dass man das Geld, das bisher für Emissionsminderungen ausgegeben worden sei, besser in Katastrophenvorsorge und Entschädigungszahlungen für die Opfer investieren solle. Die Anstrengungen um das Vermeiden von CO_2 und den Naturschutz sollten weggelassen, stattdessen sollte den nachträglichen Anpassungsmaßnahmen an die katastrophalen Folgen des Klimanotfalls nicht nur organisatorisch, sondern auch finanziell Priorität eingeräumt werden. Inzwischen sind sich die meisten Wissenschaftler darüber einig, dass es um beides gehen muss, nicht mehr nur um integrierten Umweltschutz und langfristige Prävention, sondern auch um so etwas wie eine Last-Minute-Schadensbegrenzung der bereits eintretenden Katastrophe durch gezielte technische Großeingriffe, die noch größere Schäden verhindern helfen.

Über diese kurzfristigen Anpassungsmaßnahmen ist leider seit Kurzem deutlich mehr in den Medien zu lesen als über langfristige, schwerer umsetzbare bauliche oder organisatorische Maßnahmen, die das Ziel haben, Produktionsprozesse umweltkompatibel zu machen oder Prävention vor Notständen nach Unwettern zu betreiben. Zu den langfristigen kommunalen Präventionsmaßnahmen gehört beispielsweise der Umbau in sogenannte »Schwammstädte«, in der jede Tiefbaumaßnahme dazu genutzt wird, zusätzliche Versickerungsrinnen, Mulden für Straßenbäume oder Zisternen zum Auffangen von Regenwasser vorzusehen. Zum Schutz vor einer schweren Hochwasserkrise gehören außerdem Bauprojekte wie die Erhöhung oder die Neuerrichtung von Deichen, der Einbau von Rückstauklappen oder die Vorhaltung von mobilen Hochwasserwänden und -toren, die jederzeit eingesetzt werden können und deren sicherer Einsatz in der Stadt baulich sorgfältig vorbereitet werden muss. Bei unterirdischen Hochwasserschutzkonzepten geht es um die Erweiterung von Kanalnetzen, Konzepten zur Flutung von Tunneln, den Einbau von unterirdischen Rückstaubecken oder den Bau von Pumpwerken. Planerisch gehören zur Hochwasservorsorge auch das Verbot von Baulandgenehmigungen in hochwassergefährdeten Gebieten oder die gezielte Planung von Überflutungsgebieten. Zur Prävention punktueller starker CO_2-Emissionen gehören vor allem der Umbau von Produktionsprozessen auf klimaneutrale Energiequellen, ein forciertes Energieeffizienz-Management sowie umweltgerechter Materialverbrauch und Materialeinsparung durch hohe, echte Recyclingquoten.

Bei den mittlerweile intensiver diskutierten technischen Anpassungsmaßnahmen des Geo-Engineerings geht es meist um eine technisch herbeigeführte CO_2-Minderung in der Atmosphäre, also nicht mehr um klassische Prävention, sondern um eine kurzfristig einsetzbare, nachträglich hinzugefügte Technologie (sogenannte »End-of-Pipe-Maßnahmen«), die, wenn überhaupt, als Notinstrument am Ende aller anderen zur Verfügung stehenden Handlungsmöglichkeiten stehen sollte. Im Wesentlichen sind es drei technische Konzepte, die für End-of-Pipe-Management in Rede stehen: »Carbon Capture«, »Carbon Capture and Storage« sowie »Solar Geoengineering«. Am weitesten entwickelt ist die sogenannte »CCS-Methode«. Die Abkürzung steht für »Carbon Capture

& Storage«, was übersetzt »Abscheidung von CO_2 an der Quelle und nachfolgende Speicherung« bedeutet. Dazu werden klimaschädliche Emissionen an großen Punktquellen, beispielsweise am Fabrikschornstein, abgefangen, das CO_2 wird abgetrennt, durch chemische Prozesse verflüssigt und mittels noch zu errichtender CO_2-Pipelines zu Orten der Verpressung unter dem Meer transportiert. Dort soll es bis zu 10 000 Jahre sicher lagern, bevor es zerfällt. Norwegen ist bisher Vorreiter in der CO_2-Verpressung und daran interessiert, gegen Geld auch ausländisches CO_2 aufzunehmen. Es wird inzwischen in zahlreichen europäischen Ländern an Plänen für Lagerstätten unter der Nordsee gearbeitet. Auch die deutsche Regierung ist dabei, das Einlagern von CO_2 in der deutschen Nordsee rechtlich zu ermöglichen.

Für Deutschland ist die Verpressung sogenannter »unvermeidbarer Restemissionen« von CO_2 angedacht, die auf anderem Weg vermeintlich nicht vermieden werden können. Alle Methoden des Einfangens und Weiterleitens von CO_2 sind wiederum äußerst energieintensiv. Von Geologen wird die Lagerung in den Sandsteinen zwei Kilometer tief unter der Nordsee für ein überschaubares Risiko gehalten. In den unterirdischen Kavernen lagere das CO_2 auch bei Erdbeben relativ sicher. Neben Sicherheitsaspekten und der Energieintensität von Abscheidung, Verflüssigung und Transport wenden Kritiker ein, dass eine Erlaubnis zur Verpressung von in Deutschland angefallenem CO_2 den Ehrgeiz der Industrie bei ihrem energetischen Umbau erlahmen lassen könnte. Emissionsminderung würde durch den Notausgang der CCS-Technologie torpediert, heißt es.

Mit einem weiteren Blick eröffnen sich naturethische Aspekte. Zuerst haben wir die millionenalten unterirdischen Wälder aus Öl und Gas mit der Nebenfolge der Klimazerstörung in Brand gesteckt, um damit ein globales Wirtschaftswunder zu erzeugen; nun füllen wir die leeren unterirdischen Friedhöfe mit dem Müll aus der Verbrennung ihrer eigenen ehemaligen Wälder an. Es hat etwas von Grabschändung, was wir uns vorgenommen haben. Aber das ist eher ein philosophischer Kommentar.

Neben dem Einfangen und Verpressen von Kohlendioxid sind Verfahren der künstlichen Sonnenverdunkelung mittels massenhafter Ausbringung von Kalk- oder Schwefelpartikeln in die Atmosphäre im Gespräch. Daneben gibt es Ideen zur Ablenkung von Sonnenstrahlen mittels riesiger Spiegel, um die Temperaturen auf der Erde punktuell zu reduzieren und sehr massive Erhitzungen zu verhindern. Nicht nur der IPCC warnt vor diesen technologischen Eingriffen. Sie würden nichts gegen die Anreicherung der Atmosphäre mit Treibhausgasen ausrichten und es sei mit verheerenden regionalen Auswirkungen durch noch stärkere Trockenheit zu rechnen.

Eine naturbasierte mittelfristige Maßnahme zur forcierten Aufnahme und Festlegung von Treibhausgasen stellt das Wiederbewässern von Mooren dar. Wälder und Moore saugen CO_2 aus der Luft auf, dafür müsste in einem engen und dicht besiedelten Land wie Deutschland viel mehr Platz geschaffen werden. Den verwässerten Mooren wird ein positiver Soforteffekt im Sinne der CO_2-Speicherung zugeschrieben. Moore sind wahre Klimahelden und übertreffen den Klimaeffekt von Wäldern um ein Vielfaches. Geschätzt 95 Prozent der Moorflächen in Deutschland sind jedoch zum Zweck landwirtschaftlicher Nutzung trockengelegt worden.

Nasse Moore speichern überproportional viel CO_2, insgesamt könnte es etwa doppelt so viel sein, wie in der Biomasse aller Wälder der Erde gespeichert werden kann, die dagegen 27 Prozent der Landfläche ausmachen. Dazu müssten trockengelegte Moore allerdings wieder verwässert werden. Im Torf wird der Kohlenstoff nur so lange gebunden, wie das Moor nass bleibt. Dringt Sauerstoff in die Moore ein, wird Torf abgebaut, das darin gespeicherte CO_2 entweicht, zusammen mit Methan. Das CO_2-Problem, das aus trockengelegten Mooren entstanden ist, war lange unbekannt. Ohne wirksame Gegenmaßnahmen der Politik werden die Emissionen aus

Trockenmooren bis zum Ende des Jahrhunderts über 40 Prozent des gesamten noch verbleibenden deutschen Treibhausgasbudgets verbrauchen, das für die Einhaltung der 1,5-Grad-Grenze vorgesehen war. Eine deutsche Moorschutzstrategie existiert seit Oktober 2022. Sie betrifft jedoch nur den Schutz der noch existierenden nassen Moorgebiete.

Alle Arten des Nachdenkens und Forschens über Geo-Engineering, sind ein Zeichen dafür, dass der akute Notzustand des Planeten, in den wir hineinsteuern, langsam offensichtlich wird. Das Unheil der Erwärmung, das eventuell ganz andere Notmaßnahmen erforderlich macht als bisher vorstellbar, ist nähergerückt. Man muss das Plädoyer Franzens so verstehen, dass er darauf unmissverständlich hinweisen wollte. Die dargestellten technischen Notmaßnahmen eröffnen Chancen des Missbrauchs. Es ist jedoch sehr wahrscheinlich, dass wir uns dem Geo-Engineering als letztem Ausweg nicht mehr verschließen können. Deshalb ist daran nicht nur intensiv zu forschen, sondern diese Wege sollten vor allem intensiv erprobt und ihre Nutzung für den Ernstfall vorbereitet werden. Technisches CO_2-Management stellt allerdings eine Art letztes Mittel des Katastrophenschutzes dar, alle Optionen zum Missbrauch müssen daher regulatorisch verschlossen werden.

Gefährdungsgesellschaft

Unter dem Eindruck alarmierender Datensammlungen des Weltklimarats sagte UN-Generalsekretär António Guterres bei der COP_{27}, der Weltklimakonferenz in Ägypten, im November 2022: »Wir sind auf dem Highway zur Klimahölle – mit dem Fuß auf dem Gaspedal.« Er zog damit ein katastrophales Resümee der Konferenz. Das Sprachbild des Generalsekretärs kritisiert ein Gesellschaftsverhalten, bei dem Gefährdungslagen verkannt, gar nicht registriert oder bewusst ignoriert werden und Menschen das Gegenteil von dem tun, wodurch sie sich selbst retten könnten. Guterres beschreibt eine Selbstmördergesellschaft. Dem harten Urteil des Generalsekretärs widersprach niemand, noch nicht einmal die üblichen Oppositionellen oder Kritikaster einer ökologischen Wende. Sein Satz wurde sicherlich von den meisten Menschen, die die Lage in etwa einschätzen können, als zutreffend empfunden. Doch ein stärkerer politischer Impuls ging selbst von dieser harten Ansage weder global noch in Deutschland aus. Und selbst nach dem überraschend scharf formulierten Bericht des Weltklimarats aus dem Frühjahr 2023, der die Unerreichbarkeit des 1,5-Grad-Ziels feststellte und stattdessen den 2,8-Grad-Pfad als gegeben ansah, blieb es sowohl in der Politik wie auch in der Bevölkerung seltsam ruhig. Die steigende Inflation und nachfolgende Verteuerungen, die zerstrittene Ampelkoalition, all das interessierte viel mehr. Das Klima war immer noch Thema, aber es polarisierte jetzt. Mehr als 35 Prozent der Menschen war der Klimaschutz nun zu teuer, etwa genauso vielen war er zu wenig ambitioniert.

Musste an den vorgesehenen Maßnahmen zur Erreichung des Paris-Ziels konkret etwas geändert werden? Musste man sich auf schärfere Ansagen der Regierungen einstellen? Hatte man das Rennen um einen erfolgreichen Kampf gegen die Klimakrise bereits aufgegeben? Man wusste es nicht. Das Fehlen einer politisch-strategischen Führung im Klimathema und einer für alle verständlichen »Übersetzung« der regelmäßig veröffentlichten wissenschaftlichen Synthese des Weltklimarats hat Tradition. Man hält sich einen solchen Rat, aber man ignoriert die regelmäßig von ihm vorgelegten Daten und Schlussfolgerungen. Sie werden politisch nicht dazu genutzt, eigene Einordnungen vorzunehmen oder die Ergebnisse und ihre Folgen für das normale Leben der Bevölkerung zu übersetzen und zu erläutern. Dass diese Unterrichtungen fehlen, lag und liegt nicht am Bericht des Weltklimarats selbst, dessen Aufgabe es ja nicht ist, konkrete politische Handlungsempfehlungen abzugeben. Woran es jedoch mangelt, sind Erklärungen der Regierungsteilnehmenden oder gar der Regierungschefs darüber, was die inzwischen immer alarmierenderen Ansagen der Wissenschaft für das jeweilige Regierungshandeln im eigenen Land bedeuten.

Ein solches Erläuterungsvakuum lässt jede Menge Platz für Zweifler. Man nimmt inzwischen bereits wieder steigende politische Zwietracht in den Urteilen über politisches Klimahandeln wahr, sowohl in Deutschland als auch in Europa. Nach dem gut bewältigten ersten Kriegswinter 2022/23 nahmen die Differenzen auch unter den deutschen Regierungsparteien plötzlich wieder deutlich zu. Sie widersprachen sich offen oder setzten ganz andere Zeichen in der Lageeinschätzung und den Akzenten der Energie- und Klimapolitik, beispielsweise bei der Diskussion um das heimische Fracking von Gas, in der Verkehrspolitik, beim ewigen Hin und Her im Diskurs um die Atomenergie und schließlich im monatelangen Zwiespalt über das Gesetz zum Heizungstausch. Einem gezielten, gemeinsamen Handeln sind diese Streitereien äußerst abträglich. Eine Polykrise, die auf eine tief zerstrittene Regierung trifft, die keine einheitliche Flanke im Klimathema bildet, vergrößert nur die Angriffsflächen aller anderen Parteien und sie kostet viel Vertrauen. Auch die Bevölkerung wird verunsichert und demotiviert. Gerade eine Krise braucht konstruktive Politik und Tatkraft.

Der Alarm des UN-Generalsekretärs mit seinem treffenden und eindringlichen Bild vom Fuß auf dem Gaspedal war einige Wochen nach der COP27 schon wieder vergessen. Mit dem Verweigern einer eigenen politischen Einordnung der Hiobsbotschaft des Weltklimarats wurde erneut eine Chance vergeben, die schwer überwindbare Abstraktheit des Klimathemas und die konkrete Gefährdungslage für die Bürgerschaft fassbarer zu machen. Die konkrete Gefahr, die im Verpassen des 1,5-Grad-Ziels liegt, ist aufseiten der Bürger*innen wahrscheinlich vielen längst klar. Unterschwellig wissen die meisten Menschen einzuschätzen, was da auf uns zurollt. Auch im weiteren Verlauf des Jahres 2023 wurde darüber jedoch parlamentarisch nicht gesprochen. Damit wurde der allgemeine Erklärungsnotstand jedoch immer größer. In der Phase der Klimakrise, in der wir uns mittlerweile befinden, erscheint es notwendig, jederzeit sicherzustellen, dass eine Bevölkerung von 84 Millionen Menschen in der Lage bleibt zu verstehen, was die politische Führung über diese zentrale Krise denkt und wie sie die Bedeutung für jede*n von uns einschätzt. Zur Einbettung von Maßnahmen erscheint dies ohnehin unerlässlich. Dass wir im Hinblick auf unsere Unfähigkeit, das Klima in den Griff zu bekommen, immer mehr zu einer »Gefährdungsgesellschaft« geworden sind, bleibt somit unausgesprochen, wohl um nicht unter noch mehr Handlungsdruck zu geraten.

Sowohl die unklare – oder im Unklaren gehaltene – Beschreibung der Lage als auch eine verschlechterte Stimmung in der Bevölkerung aufgrund gefühlter Wohlstandsbedrohung trugen in Deutschland dazu bei, dass die grundsätzlich notwendigen Vorschläge zum Heizungstausch im Frühsommer 2023 so massiv abgewehrt wurden. Die meisten Menschen fragten sich, warum ein unfertiges Gesetz, dessen Dringlichkeit nicht einmal transparent gemacht wurde, nun in aller Eile durchgesetzt werden sollte, mit handwerklichen Fehlern zudem. Die handwerklichen Fehler bestanden wesentlich im fehlenden Bezug zu einer zuerst festzulegenden kommunalen Wärmenetzplanung als dem notwendigen ersten logischen Schritt der Wärmewende. Sie lagen darüber hinaus in der unnötigen Einengung auf nur eine Wärmelösung der Zukunft, der sogenannten »Wärmepumpe«. Und sie ergaben sich drittens durch die leider nicht sofort vehement korrigierte Falschdarstellung in den Medien, dass es sich bei dem Gesetz um einen Vorschlag zur Sofortauswechslung aller Heizungen im Land handelte und nicht um einen sukzessiven Heizungstausch bei Havarie der alten Anlagen. Sogar in den Wochen nach dem ersten Kommunikationsdesaster fehlte es immer noch an einer systematischen und ausreichend verständlichen kommunikativen Einbettung des Gesetzesvorschlags für die Bevölkerung.

Niemand erwähnte beispielsweise, dass es sich bei Heizungen, da sie infrastrukturgebunden sind, um sehr lange Investitionszyklen handelt, deren Umbau bereits viel früher und von mindestens zwei Regierungen vorher hätten angegangen werden müssen. Niemand erläuterte einmal etwas intensiver, dass das Gesetz zwar sehr kurzfristige Umsetzungsziele beinhaltete, diese aber kaum anders zu setzen waren. Denn wenn eine Heizung rund zwanzig Jahre hielt und die Einhaltung der Klimaziele einen kompletten Abschied von fossilen Brennstoffen bis 2045, also in maximal zwanzig Jahren, verlangte, dann war 2024 eigentlich der finale Moment des Handelns gekommen, um mit der Transformation der Wärmeinfrastruktur zu beginnen. Aber auch an diesem Punkt gab es kein gemeinsames Agieren der Regierungsparteien, sondern den Versuch, aus den Kommunikationsfehlern der einen Koalitionspartei politisches Kapital gegen den Regierungspartner zu schlagen. Der gewaltige Vertrauensverlust und der Regierungsschaden, der aus den kommunikativen Fehlern rund um das Heizungsgesetz rührt, ist kaum zu überschätzen.

Man muss auch hier die Lage umfassender bewerten: Ein über zwei Jahrzehnte politisch eingeschläfertes Volk und eine allenfalls zimperlich an ihre kritischen CO_2-Mengen erinnerte deutsche Industrie sind klimapolitisch viel zu lange in Ruhe gelassen worden. Unzählige längst überfällige Infrastruktur-Entscheidungen wurden von den Merkel-Regierungen vergessen, verschoben oder bewusst vermieden. Der lange von CDU/CSU, FDP und auch Teilen der SPD hintergangene Ausbau von erneuerbaren Erzeugungsanlagen ist dafür ein eklatantes Beispiel, der geplante, dann aber praktisch unterlassene Ausbau seit Jahren dringend benötigter Stromtrassen von Nord nach Süd, die gemiedene und viel, viel früher anzugehende Wärmewende, das ignorierte klimaschonende Bauen, die von CSU-Verkehrsministern einfach beiseitegeschobene Dekarbonisierung des Verkehrs, die Vernachlässigung der durch Missmanagement an den Rand der Funktionsfähigkeit gebrachten Deutschen Bahn oder die bewusst unterlassene Umstellung auf eine klimasensitive Industrieproduktion.

Da wir notgedrungen in eine Phase deutlich temporeicherer Klimaregulierung einmünden müssen, sind weitere Veränderungen und Beanspruchungen für die Bürger*innen Programm. Dafür braucht es eine intensivere Erläuterungsbereitschaft in der Vorphase der im Parlament diskutierten Gesetze, damit Verunglimpfungen nicht auf einen vollkommen unvorbereiteten Boden der Argumente fallen. Sollte es nicht gelingen, dem polarisierenden Geschwätz über ein angeblich »regulierungswütiges« Regieren ein mit Recht temporeicheres und dafür unter Umständen lebensrettendes klimapolitisches Handeln entgegenzusetzen, wird der alte krawallkonservative Klamauk um »Ökodiktatur«, »Zwangsveganisierung«, »Regulierungsfieber« und »Volksumerziehung« immer neue Blüten treiben. Es erscheint nicht unwahrscheinlich, dass durch die zunehmende wahltaktische Verweigerung des Themas und einer daraus folgenden Unterschlagung der zunehmenden Klimagefährdung erneut eine erfolgreiche Klimapolitik für Deutschland sabotiert wird.

Wenn ich nicht verstehe, wohin meine Regierung steuert, und ich mich gleichzeitig durch Polykrisen stark verunsichert fühle, vermehrt sich das aggressive Verhalten in Bezug auf Politik und Politiker, was schließlich im Rückzug in das Private endet. Um dies zu verhindern, müssen Gesellschaften aktiv auf der Höhe der konkreten Gefahrenlage gehalten werden, sonst erkennen sie ihre Gefährdung gar nicht und können sich daher auch nicht adäquat auf neue Regelsetzungen einstellen. Im Gegenteil, die Regeln kommen ihnen dann vollkommen beliebig vor. Ziele, Handlungsfelder und unterschiedliche Handlungsoptionen sind von der Politik klar zu benennen und intensiv zu erläutern. Eine Erfolgskommunikation klärt auch über Fortschritte auf, beispielsweise im Falle der Heizungen über wöchentlich fertig sanierte Wärmeversorgungen. Nur so kann ein positives Gefühl der Selbstwirksamkeit überhaupt entstehen.

Jedoch wurde von den politisch Verantwortlichen auch nach einem klimatisch bedenklichen globalen Sommer 2023 weiterhin nie von einer Klimakrise oder von konkreten Fortschritten in deren Bekämpfung gesprochen. Im Vergleich zum Legislatur-Start versprühten politische Entscheider immer weniger Tatkraft und kaum noch Veränderungswillen, wenngleich die sozial-ökologische Transformation das große Motto ihres Koalitionsvertrags gewesen war.

Der Status unserer Gefährdungslage ist jedoch an einer einzigen Zahl klar ablesbar: Der vorrangige Messpunkt der Gefahr ist und bleibt die Entwicklung der Treibhausgase. Die abrupte Senkung der globalen Treibhausgase ist die Währung, mit der wir für den größten Teil unserer früheren Unterlassungen aufkommen müssen. Doch gibt es hier nicht den geringsten Fortschritt zu vermelden, ganz im Gegenteil. Seit dem Jahr 1958 nehmen die weltweiten Treibhausgasemissionen unaufhaltsam zu. Dieser Trend ist ungebrochen. Deutschland gehört dabei nach wie vor zu den Top-6-Klimasündern der Welt.

Seit 1970 haben sich die weltweiten Kohlendioxidemissionen mehr als verdoppelt, seit Beginn des letzten Jahrhunderts verfünfzehnfacht. Seit dem Jahr 2013 sehen wir, dass die Emissionen erstmals langsamer ansteigen. Aber sie steigen dennoch immer weiter an. Im Jahr 2020 sanken die Emissionen zum ersten und einzigen Mal leicht, aufgrund der Corona-Pandemie. Im darauffolgenden Jahr 2021 wurde jedoch das höchste Emissionsniveau der gesamten Menschheitsgeschichte verzeichnet, und auch im Jahr 2022 sind die Emissionen von diesem extrem hohen Niveau nochmals leicht angestiegen. Ein Wert von 450 Parts per Million (ppm) an CO_2 in der Atmosphäre gilt weithin als Obergrenze, die nicht überschritten werden sollte, weil danach unwägbare »natürliche« Entwicklungen ihren Lauf nehmen. Dies bedeutet, dass auf eine Million Moleküle trockener Luft nicht mehr als 450 Moleküle CO_2 entfallen dürfen. Im Jahr 2022 wurde jedoch bereits ein Wert von 417 ppm CO_2 erreicht, im April 2023 lagen die globalen CO_2-Emissionen auf einem Rekordwert von 423 ppm, ein halbes Jahr später, im Juni 2023, erreichte der globale CO_2-Wert erneut einen sehr hohen Wert von 421 ppm.

Bis zur Mitte des 19. Jahrhunderts waren die CO_2-Konzentrationen in der Luft deutlich unter 300 ppm geblieben. Die gegenwärtig gemessenen CO_2-Konzentrationen liegen weit über allen seit 800 000 Jahren in Eisbohrkernen nachgewiesenen Werten. Auch während der letzten 14 Millionen Jahre existierten keine höheren CO_2-Werte als heute, wie manchmal von Klimaleugnern behauptet wird. Selbst im Falle gleichbleibender Emissionen, also bei weiterhin 37 Milliarden Tonnen zusätzlicher globaler CO_2-Emissionen pro Jahr, reicht das Budget bis zur Erreichung der vereinbarten 1,5-Grad-Grenze lediglich noch für neun Jahre. Jede weitere Erhöhung wird diesen Zeitraum noch einmal verkürzen. Das heißt, wir werden allerspätestens im Jahr 2032 die 1,5-Grad-Grenze überschritten haben, sollte der Minderungspfad nicht ab morgen steil nach unten zeigen. Es wird also nicht reichen, erst »in den nächsten zehn Jahren die Weichen richtig (zu) stellen«, wie Friedrich Merz in seinem Interview vom April 2023 meinte. Eher ist eine solche These gefährlich. Rascher und wirksamerer Klimaschutz ist keine Ideologie und kein Partikularinteresse, sondern ein uns inzwischen vom Verfassungsgericht gesetzlich vorgeschriebener Akt des Katastrophenschutzes für weite Teile heutiger und zukünftiger Generationen.

Im heißen Frühsommer 2023, als sich plötzlich riesige Algenteppiche an Küsten sowie in Flüssen ausbreiteten und die Hitzewelle an Land, vor allem aber in den Meeren neue Höhepunkte erreichte, wurde die 1,5-Grad-Grenze der globalen Erwärmung bereits tageweise erreicht. Es schien so, als würde sich der CO_2-Pfad jetzt noch einmal schneller als vorhergesagt in die falsche Richtung bewegen. Politisch gab es darauf keinerlei Reaktion. Die deutsche Nachrichtenlage wurde vom mutmaßlich sexuell übergriffigen Chef einer Rockband, einem verschwundenen Abenteurer-Tauchboot, dem weiter gärenden Streit um den Tausch von Heizungen und den steigenden Zustimmungswerten der AfD dominiert.

Und noch immer oder besser gesagt schon wieder heißt es jetzt – nicht nur von der Oppositionsbank –, man solle mal Pause machen mit den Klimagesetzen, denn die Bevölkerung brauche nach den vielen Krisen der letzten Jahren ihre Ruhe. Dagegen mahnt Hoesung Lee, Professor für Ökonomie und Klimapolitik an der Korea University in Seoul und von 2015 bis Juli 2023 Vorsitzender des IPCC, im April 2023 sinngemäß: »Die nächsten Jahre sind entscheidend. Die Entscheidungen, die wir jetzt treffen, werden für Hunderte und Tausende Jahre nachhallen. Gerade im Klima-Management darf es also keine Pausen mehr geben.«

Vielleicht sollten eher andere Gesetzgebungsprojekte – beispielsweise eine Krankenhausreform – zeitlich besser verteilt werden. In Wahrheit muss jetzt in der CO_2-Minderung alles wirklich schnell gehen, gerade weil zu viel zu lange verschlafen wurde. Dabei ist es nicht übertrieben festzustellen, dass sich die Welt als Gefährdungsgesellschaft im Stadium der Antizipation einer Klimakatastrophe befindet.

Sprachliche Klarheit über das herzustellen, was beim Klimathema vor sich geht, ist keine Trivialität. Diese Klarheit ist unverzichtbar, denn der Erklärungsnotstand darf nicht noch größer werden. Über die richtigen Begriffe nachzudenken bedeutet keine semantische Haarspalterei, sondern verschiebt die Akzente in Richtung eines krisenadäquaten Handelns. Der Begriff der »Zeitenwende« wurde nur auf den Krieg in der Ukraine bezogen, nicht auf das Klima. Auch darin liegt eine verpasste Chance. »Klimawandel« klingt, wie schon angemerkt, als handele es sich um einen normalen, quasinatürlichen Vorgang, dem wir beiwohnen. Dies ist, wie wir wissen, nicht so. Schlimmer als die permanente Vertuschung der Schuldfrage – salopp gesprochen, haben wir es ja alle miteinander vermasselt – ist jedoch, dass der Begriff »Klimawandel« die Gefährdungslage permanent unterschlägt. Darüber hinaus ist bisher nie deutlich herausgestellt worden, dass es bei dieser Krise ja nicht um »das Klima« geht, sondern um den Schutz und die Überlebensfähigkeit der Menschheit. Daher müsste »Klimapolitik« im Grunde »Menschheitsschutzpolitik« heißen und so wie über Klimawandel müssten wir längst über Katastrophenvorsorge sprechen.

Über innerdeutsche Diskussionen hinaus fehlt eine planetare Klimapolitik als Diskursthema bisher fast vollständig. Klimapolitik, die an den Grenzen der eigenen Nation aufhört, ist jedoch keine. Die erste britische Außenministerin Margaret Beckett, übrigens eine ausgebildete Metallurgin, war da im Jahre 2006 schon weiter. Sie sagte: »Wenn die Erderwärmung um vier oder fünf Grad Celsius ansteigt, dann können London, New York und Tokyo im Meer versinken. Um also lokale Probleme – die Überschwemmung Londons – zu verhindern, bedarf es globaler Initiativen.« Und Antonio Guterres fügte im November 2022 bei der Weltklimakonferenz in Ägypten hinzu: »Entweder gibt es einen solidarischen internationalen Klimavertrag oder einen Vertrag zum kollektiven Selbstmord.« Man kommt jedoch noch nicht einmal im eigenen Land so recht weiter mit zentralen klimapolitischen Entscheidungen. Es scheint sogar so, als wäre der politische Motor in Sachen Klimakrise im Laufe des Jahres 2023 endgültig ins Stottern geraten.

Von der Freiheit

Michael E. Mann, Geophysiker an der Pennsylvania State Universität und einer der führenden Klimaforscher der Vereinigten Staaten, hat 2021 ein Buch mit dem Titel *Propagandaschlacht ums Klima* vorgelegt. Der Untertitel der deutschsprachigen Ausgabe lautet: *Wie wir die Anstifter klimapolitischer Untätigkeit besiegen.* Man merkt dem Autor an, wie ihn sowohl die Leugner des Klimawandels wie auch die modernen Untergangserzählungen irritieren.

Mann betrachtet beide Bewegungen als Wasserträger einer rechten Politikspirale. All diesen Aktivitäten sei eines gemein: Sie zielten auf die Spaltung der Klimabewegung. Eine Spaltungsabsicht unterstellt Mann auch den Aktivisten rund um die Gruppe der »Letzten Generation«. Auch sie seien ausschließlich auf dem Panikpfad unterwegs, so als hätten sie die Erde bereits aufgegeben. Besonders scharf wendet er sich gegen eine neue Gruppe britischer Wissenschaftler um den Kommunikationsexperten Jem Bendell, der einigen Gruppierungen von Klimaaktivisten wie »Extinction Rebellion« und »Letzte Generation« nahesteht. Wenn Bendell spricht, hat er etwas von einem Guru. In Vorträgen im Internet redet er von der notwendigen Beschäftigung mit Übungen der »Tiefenadaption« (engl. Deep Adaption), um sich auf den Umgang mit der Katastrophe schon einmal einzustellen. Seine Thesen dringen langsam auch nach Deutschland durch.

Sollte man dem Prediger Bendell einmal zuhören, hat man schnell den Eindruck, dass er ein Geschäftsmodell gefunden hat, das man »Katastrophen-Yoga« oder »Untergangs-Wellness« nennen könnte. Dabei sorgt sich Bendell nicht um den Planeten, sondern eher um sich selbst. Für den Planeten ist seine Arbeit kontraproduktiv. Bendells Befindlichkeitspsychologie lähmt, sie aktiviert nicht. Sie kümmert sich gar nicht um ein intensives Klimaschutzmanagement. Was für den Kampf gegen die Klimakrise gebraucht wird, ist ein integrierender, aufgeklärter, weltweit agierender neuer Aktivismus, eine Volksbewegung, die in der Lage ist, Politik anzutreiben und Bürger*innen mitzunehmen, so, wie es Greta Thunberg eine ganze Zeit lang geschafft hat.

Zur Vermeidung von Empfindungen »gekränkter Freiheit« ist die Erarbeitung einer genauen Lageanalyse notwendig und deren schrittweise Vermittlung an die Bevölkerung entscheidend. Sobald es um Wahrheitskonflikte geht – und um die geht es in der Klimakrise sehr oft –, muss kollektives Kennenlernen und Lernen möglichst einer »Regierungswahrheit« ermöglicht werden. In der

Zeit der Pandemie waren beispielsweise die in schneller Taktung stattfindenden offiziellen Lageeinschätzungen des Robert-Koch-Instituts kommunikativ hilfreich und haben dabei mitgeholfen, die politischen Anordnungen, beispielsweise in Unternehmen, durchzusetzen. Sie haben zwar den Eindruck der Krise unterstrichen, aber das Krisenmanagement insgesamt erleichtert. Wer den Ernst der Lage versteht, wer unterscheiden kann, ob der Staat sich intensiv kümmert oder dies unterlässt, und wer die Haltung seiner politischen Führung spürt und erfassen kann, der wird sich durch Regelsetzungen auch nicht so schnell gegängelt fühlen.

Im Zusammenhang mit Wahrheitskonflikten und dem Nachvollzug einer Lageanalyse stellt die Unterscheidung zwischen Krise, Risiko und Katastrophe eine Schlüsselunterscheidung im Klimathema dar. Die Kategorie des Risikos ist dabei eine ganz andere als die der Katastrophe. Risiko meint nicht die Katastrophe, sondern deren Antizipation. Risiken treten in Krisen offen zutage und handeln von der Möglichkeit zukünftiger, katastrophal gefährdender Ereignisse oder Entwicklungen. Risiken können sich in Katastrophen wandeln. Die Gefährdung, die die Klimakrise für die Menschheit bedeutet, ist, wie jedes Risiko, eine drohende Gefahr, die sich erst vermitteln muss. Da sie sich jedoch in Etappen ereignet, die man als Teile einer Katastrophe »lesen« und verstehen muss, deren Zusammenhang jedoch auch negiert werden kann, ist die Klimakrise für viele Menschen noch immer nicht zur Realität geworden. Denn wenn ich ein katastrophales Einzelereignis nicht als Teil einer Kette lese, dann vermittelt sich mir das Gesamtrisiko der Klimakrise auch nicht.

Die Klimakatastrophe ereignet sich als schleichende Zustandsverschlechterung anhand vieler Einzelkatastrophen auf der Erde, die das Leben für immer größere Teile der Menschheit erst schwieriger und schließlich unmöglich machen.

Auf der Südhalbkugel ist die Klimakatastrophe an vielen Orten längst permanente Realität, auf der Nordhalbkugel beginnt sie erst sich zu ereignen. Als Bewohner des Nordens muss ich sie daher erst als Gesamtkette von Klimaereignissen in meiner Vorstellung entstehen lassen: die Buschbrände in Brandenburg, die Flutkatastrophen in Deutschland, in Pakistan und Italien, der giftige gelbe Rauch in New York, die ausfallenden Weinernten in Kalifornien, die vielen Hitzewellen an Land und im Meer, die Winterdürren, die viel zu warmen Meere mit ihren stinkenden, veralgten Stränden in Florida und anderswo, der permanente Krisennotfall im Sahel, die steigende Süßwasserknappheit in Europa, die Stürme, Orkane und Starkregenereignisse überall auf der Welt.

In ihrer Gesamtwirkung ist die Gefährdung durch die Klimakatastrophe januskopfig: Einerseits nimmt ihr das etappenhafte Auftreten das akut Katastrophale. Die katastrophalen Zwischenfälle irgendwo auf der Welt geraten nach ein paar Monaten wieder in Vergessenheit, die Möglichkeit des Wiederaufbaus täuscht vorläufige Sicherheit vor. Andererseits verleiht ihre schleichende, episodenhafte Erscheinung der Klimakrise auch etwas Nichtüberschaubares und damit die Potenz, eines Tages noch schlimmer und überraschender zu werden als alle Katastrophen, die wir bereits kennen.

In den kommenden, entscheidenden Jahren wird es notwendig sein, politisch immer wieder genauer zu definieren, wo wir klimatisch stehen. Nicht nur einmal im Jahr, sondern viel, viel häufiger. Dies ist vor allem wichtig, um den Grad der Sicherheitsgefährdung deutlicher und damit für alle vorstellbarer zu machen. Die zitierte Metapher des »Gaspedals« von dem in Deutschland nicht besonders bekannten UN-Generalsekretär Guterres reicht dazu nicht aus. Der 2,8-Grad-Pfad, auf dem wir uns befinden, muss in seinen Folgen viel deutlicher dargelegt werden. Wir alle müssen lernen, das Klima besser zu lesen.

Das Überschreiten der selbst gesetzten und weltweit inszenierten Zielmarke von 1,5 Grad ist dabei keine Petitesse, auch dies sollte klar werden und in die Köpfe einsinken. Die Tatsache, dass wir die

1,5 Grad schon sehr bald erreichen werden, kann dazu genutzt werden, ein deutlich radikaleres weltpolitisches Klimahandeln zu legitimieren. Beispiele, an denen die ins Exponentielle drehende Gefahrenlage begreifbar zu machen wäre, sind in hoher Zahl vorhanden. Der Trinkwassermangel beispielsweise wird bei einer globalen Erwärmung von 1,5 Grad Celsius bereits für 500 Millionen Menschen auf dem Globus ein Problem sein, ab einer Erwärmung von zwei Grad Celsius jedoch für bis zu 3,5 Milliarden Menschen. Schon ein halbes Grad Unterschied in der globalen Erwärmung führt in Sachen Trinkwasser zu einer um das Siebenfache gesteigerten Zahl an bedrohten Menschen.

Wenn man den soziologischen Analysen Ulrich Becks folgt, dann gelten für die »Gefährdungsgesellschaft« besondere Mechanismen. In echten Gefährdungsgesellschaften werde die Sicherheit das leitende Handlungsziel, sagte Beck. Sicherheit setze sich in Gefährdungsgesellschaften mehr und mehr als handlungsleitendes Ziel von früheren Zielen ab, beispielsweise dem Gesellschaftsziel der Gleichheit oder dem der Freiheit, die lange Zeit für die Moderne prägend waren. Es ist keine Frage mehr, dass wir uns in dieser Hinsicht in einem als Polykrise empfundenen Gesellschaftszustand befinden, der eine neue Stufe erreicht hat. Auch aus diesem Grund wird wahrscheinlich so oft über Freiheit und deren Kränkungen gestritten. In Wirklichkeit ist die deformierte Freiheit, wie sie sich in der (Post-)Moderne als normativer Entwurf entwickelt hat, auf dem Abwärtspfad; sie ist von einem stärkeren Risiko bedroht, dem der Lebenssicherheit.

Allerdings rufen gerade die Klimakrise und die Notwendigkeit, mit ihr endlich angemessen umzugehen, nämlich als Menschheitskrise, noch einmal jenes Zerrbild hervor, das der Freiheitsbegriff in der Zeit des Neoliberalismus erlitten hat. Mit aller Macht wehren sich Vertreter sogenannter »liberaler«, sprich neoliberaler Werte heute gegen fast jede neue Regel, die ein angemessenes Klimakrisenmanagement längst verlangt. Sie werten Menschenschutz gerne als reines Verbotsfieber ab. Es geht ihnen dabei nicht mehr um die ursprünglich so wertvolle, jetzt jedoch endgültig der Vergangenheit angehörende Tradition des klassischen Liberalismus. Danach endet die Freiheit des Einzelnen bekanntlich an der Freiheit des Anderen. Diese alte Definition des Liberalismus stellte ein Freiheitsverständnis dar, das ohne den Begriff der Gleichheit und damit auch einen Begriff von Gemeinschaft bzw. Gesellschaft gar nicht vorstellbar war. Den neoliberal Gesinnten geht es dagegen – und das meint »deformierte Freiheit« – um eine mit Zähnen und Klauen verteidigte Freiheit im Sinne eines »frei« ausgelebten Exzentrismus des Einzelnen, der weder Verantwortung noch Anteilnahme noch Solidarität kennt und der schrankenlos über allen anderen gesellschaftlichen und politischen Überlegungen und Werten stehen soll.

Ein solches Gesellschaftsverständnis unterschätzt, ja verwechselt die uns umgebenden Bedrohungslagen. Es vergisst, dass gerade Freiheit als Errungenschaft der modernen Staatsformen immer als Freiheit für alle, nie als Freiheit für einige wenige, die es sich leisten konnten, gemeint war. Die Klimakrise lehrt uns dabei umso deutlicher, dass wir mit einem CO_2-Budget auskommen müssen, das keine anmaßenden und exzentrischen Auslegungen der Freiheit mehr zulässt. Die existentielle Frage der Demokratie lautet dabei, ob wir als Volk zu diesem Verständnis von »Freiheit für die Vielen« überhaupt noch in der Lage sind.

Wenn ich in der Demokratie für die Einschränkung der Freiheit des Einzelnen zum Vorteil der Gesellschaft plädiere, werde ich auch die Gefahr aushalten müssen, dass sich Teile der Gesellschaft aktiv gegen Klimaschutz entscheiden. Entweder wird eine solche solidarische Auslegung der Freiheit ein neues Verständnis, eine neue Form von Demokratie hervorbringen, in der Güterabwägungen, soweit sie den CO_2-Ausstoß betreffen, auch im Hinblick auf entsprechende Einschränkungen selbstverständlich stattfinden; und zwar ohne dass extreme Parteien dabei das Regiment übernehmen. Oder

der Versuch, zu einer neuen Solidarität sowie Güterabwägungen zu kommen, misslingt und öffnet dabei Tür und Tor für Parteien, die Wahlen gewinnen, indem sie sich vor den anstehenden Klimaentscheidungen wegducken und mit dem Versprechen antreten, dass diese gar nicht notwendig oder noch einmal zu verschieben seien. Die Demokratie stößt jedenfalls in der forcierten Klimakrisenpolitik schmerzhaft an ihre Grenzen.

Sooft ich darüber nachdenke, ob es einen Zwischenweg gibt, mit dem man beides erreichen kann, ein aktives und anspruchsvolles Klimamanagement kombiniert mit dem gleichzeitigen Vermeiden jeglichen Verzichts und jeder Einschränkung, drängt sich mir der Eindruck auf, dass dies nicht möglich sein wird. Eine Klimapolitik, die das ganze Volk hinter sich bringt, indem sie es »mitnimmt« und sich viel Zeit dabei nimmt, um den Zeitrahmen und sogar die Inhalte von Gesetzgebungen vom Volk mitentscheiden zu lassen, kann nicht gleichzeitig einen sehr konsequenten, radikalen Weg gegen die Katastrophe beschreiten. Dies scheint in der gegebenen Zeit nicht mehr möglich. Wir laufen schon zu lange gegen die Klimauhr und damit gegen den festen Zeitwiderstand eines immer kleiner werdenden Klimabudgets. Es wird notwendig sein, eine Mehrheit hinter eine angemessene und deutlich erfolgreichere Klimapolitik zu bringen. Eine Mehrheit schließt jedoch nicht unbedingt das ganze Volk ein.

Der Zwang zur Eile und zu einem forcierten Klimahandeln wurde uns sogar vom obersten deutschen Gericht bestätigt. Man hat jedoch heute fast den Eindruck, als sei das Verfassungsgerichtsurteil aus dem Frühjahr 2021 schon vergessen oder absichtlich beiseitegelegt worden. Darin steht ausdrücklich, dass wir uns in Sachen Klima keinen »schlanken Fuß« zulasten nachfolgender Generationen mehr leisten dürfen. Es ist in diesem Zusammenhang schon erstaunlich, dass Politiker Schläger in Schwimmbädern sofort, noch am selben Tag, verurteilt sehen möchten, was sogar ratsam sein kann, in Sachen eines ständigen verfassungsfeindlichen Klimahandelns jedoch keinerlei Unrechtsgefühle hegen. Was davon zu halten ist, werden nachfolgende Gerichtsurteile, in jedem Fall aber nachfolgende Generationen entscheiden. Wenn man also verantwortlich handeln will, ist wahrscheinlich nur eine andere Form der Demokratie vorstellbar als jene, die wir aus den 1970er und 80er Jahren gewohnt sind. Eine Demokratie, die weniger demokratische Teilhabe kennt, gerade weil sie die Lebensfähigkeit zukünftiger Generationen sichern will. Man kann dies abwertend als »Ökodiktatur« bezeichnen, aber auch als neue Form eines modernen, demokratischen Staatsverständnisses, das in Zeiten der Katastrophenvorsorge das Rettende voranstellt und damit auch ein stärkeres staatliches Reglement begründet.

Trigger

Einige Ingenieure, die ich seit Langem kenne, haben an die Klimakrise erst geglaubt, als sie vom Tempo der Abschmelzvorgänge an den Polkappen Kenntnis erlangten. Vorher haben sie sich diese Krise nicht vorstellen können. Die Schnelligkeit, mit der das Eis der Gletscher abschmilzt, und die Nachweise, die die Klimaforscher darüber erbracht haben, war für sie der Trigger, um sich das ganze Bild einer Klimakatastrophe vorstellen zu können. Ein anderer Trigger für die Vorstellbarkeit des Klimarisikos wurde für viele Menschen ausgelöst, als sie jemand darauf aufmerksam machte, dass heutzutage auch nach langen Autofahrten kaum noch Insektenleichen an den Windschutzscheiben kleben. Erst dann haben sie sich plötzlich vorstellen können, was das Artensterben überhaupt bedeutet. Auch wenn Insekten immer zu den lästigsten Wesen in ihrem Leben gehörten, vermissten sie sie plötzlich. Für eine mit mir verwandte Biologin wurde die Klimakrise vorstellbar, als sie die Massen an »toten Äckern« nicht nur in Deutschland wahrnahm, auf denen in Reih und Glied, wie mit dem Lineal gezogen, nichts anderes mehr wächst als eine einzige Nutzpflanze. Der Rest der Vegetation wird regelmäßig durch eine Flut an Pestiziden abgetötet.

Die nur abstrakte Erkenntnis über das gewaltige Klimaproblem, vor dem wir stehen, führt offensichtlich nicht zu freiwilliger Veränderung. Das bemerkt jeder Mensch an sich selbst. Lange Zeit habe ich geglaubt, dass die bittere Einsicht in die Schwere der Krise von allein ausreichen würde, um aus sich selbst heraus ein emissionsärmeres Leben zu führen. Dies ist nicht der Fall. Man isst eine Zeit lang weniger Fleisch, kauft weniger ein, fährt mit dem Zug, dann wird man rückfällig, alte Gewohnheiten schleichen sich wieder ein. Aber diese privaten Maßnahmen reichen ohnehin allein nicht aus. Sie sind nicht konsequent genug und sie beseitigen nicht die strukturellen Gewohnheiten einer Gesellschaft, die an die Droge der fossilen Verbrennung seit Langem gewöhnt ist. Um von der Droge wegzukommen, sind stärkere Trigger notwendig. Sie könnten in extrem hohen Preisen für Energie bestehen oder in der Aufstellung neuer, radikalerer Emissionsvermeidungsregeln oder im Beiwohnen eines verheerenden Klimaereignisses vor der eigenen Haustür. Ein Universitätsprofessor sagte mir dazu: »Emden muss erst untergehen, bevor wir etwas tun.«

Ein furchtbares Klimaereignis, das als Trigger ausreichen würde, um uns wie von selbst zu einem radikal veränderten Handeln zu bringen, kann man sich jedoch nicht wünschen. Das Warten auf ein Fallbeil, ein Zuschlagen des Risikos, das uns unausweichlich lehrt, was zu tun wäre, ist keine wünschbare Situation für unsere Zukunft. Sie ist für den Eintritt der Klimakatastrophe auch nicht unbedingt der wahrscheinlichste Fall. Diese Katastrophe wird sich erst einmal eher langsam vollziehen, man muss ihre Vorzeichen lesen lernen. Die Charaktermerkmale dieser Krise, ihre Latenz, ihre teilweise Unsichtbarkeit, wenn ich sie nicht sehen will, ihre nicht lineare Entwicklung, wiegen die Menschheit lange in einer seltsamen Sicherheit, die empfänglich macht für trügerische Hoffnungen. Ulrich Becks Ermahnung, dass die Vorstellbarkeit eines

Weltrisikos wie der Klimakatastrophe ein gewisses Maß an Inszenierung vonseiten der Politik erzwingt, erscheint auch in dieser Hinsicht treffend. Es braucht Momente der Vergegenwärtigung des Risikos, die ermessen lassen, was auf dem Spiel steht. Sonst wird jede neue Regel als willkürliche Maßregelung des Staates empfunden.

Die Notwendigkeit einer Inszenierung meint dabei nicht die Verfälschung der Wirklichkeit oder die Übertreibung oder das Erzeugen von Katastrophismus. Gemeint ist die Inszenierung in einer redlichen Form der Darstellung der Klimakrise, mit dem Ziel der Vergegenwärtigung, damit das abstrakte Risiko in einen Wirklichkeitsrahmen der Gegenwart unserer Lebenszeit eintreten kann. Neben der ehrlichen Beschreibung der Gefahr der großen Kipppunkte des Klimas könnte es dafür hilfreich sein, die Klimaveränderungen an einem Ort, den man kennt, weiter in die Zukunft zu denken und zu beschreiben: die bleierne Hitze in einer Großstadt, die sich doppelt so stark erwärmt wie das Land, die Schwere der Luft, der Geruch nach schmelzendem Asphalt, nach Verbranntem durch die ständigen Feuer in der Umgebung, die durch Unterspülungen beschädigten Straßen, die vertrockneten Bäume und Pflanzen, der fehlende Schatten, die Müdigkeit, die über allem liegt, die durchwachten tropisch heißen Nächte, die wegen der abscheulichen Hitze längst abgesagten Wochenmärkte, die fehlende Außengastronomie, die durstenden Hunde und Katzen, die Verwüstungen durch Unwetter, die häufigen Ausfälle nicht nur von Bahnen, sondern auch von Wasser, Strom, Telekommunikation und so manch anderer Güter des täglichen Bedarfs. Genau das sind ja die nicht mehr fern liegenden Katastrophenszenarien für Deutschland – und es wäre notwendig, diese auch als solche zu vermitteln.

Dagegensetzen könnte man, was in den nächsten Jahren in Städten und Gemeinden passieren muss: die rasche Beendigung von fossilem Kraftwerksbetrieb, die starke Begrenzung von fossilem Individualverkehr, die Umstellung der Beheizung auf regenerative

Wärmequellen, die Vergrößerung der Abflusskanalisation, um die Wassermassen schnell aufzufangen, die Entsiegelung von Böden durch offenporige Steine, lockere Böden und Bepflanzung bis an die Bürgersteige, die Vermehrung beschatteter Ruhezonen und öffentlicher Trinkwasserquellen, die starke Begrenzung städtischer Durchfahrten, die Wiederbelebung öffentlicher Brunnen und großer Wasserbecken zur Abkühlung der Luft, der Erhalt von städtischen Bädern statt ihrer Schließung, die Eröffnung von kühlenden öffentlichen Klimasälen und Schlafräumen zur Erfrischung.

Für die Politik erzwingt die Klimakatastrophe ihre Antizipation als vorstellbare, von Wissen untermauerte Spekulation, die sie als adäquate Herangehensweise an das Weltrisiko wählen muss. Ziel ist dabei, ehrlich gesagt, gerade nicht die Beruhigung, sondern die Beunruhigung. Denn Beunruhigung ist ein Affekt, der den Willen zum Handeln impliziert. Wir müssen beunruhigt werden – aber auf positive Weise, mit einem Auftakt zum Handeln und mit der gleichzeitigen Vermittlung von Tatkraft. Es gilt, den Dingen sprichwörtlich ins Auge zu sehen, daraus den Mut zur Handlung zu gewinnen und die Empfänglichkeit für Veränderungen zu stärken, statt nur Beruhigungspillen zu verteilen oder lähmende Angst einzuflößen. Vor Hitze und Fluten kann man eine Stadt, eine Gemeinde, ein Land, einen Globus schützen. Oder man kann die Schäden abmildern. Aber man muss jetzt mit einem globalen Schutzprogramm dringend beginnen.

Als »Politik der letzten Minute« beschreibt Beck einen gesellschaftlich gefährlichen Zustand, bei dem mit einem antizipativ angemessenen Handeln im Angesicht eines Risikos wie der Klimakrise zu lange gewartet wurde. In der Antizipationsphase einer Katastrophe lägen enorme Mobilisierungskräfte verborgen, die jedoch auch zusätzliche politische Risiken beinhalten. Die Blüten des Extremismus würden wachsen, dieser würde eine abwehrende Haltung für jede Veränderung verstärken. Im Abwarten würde jedoch irgendwann die »Politik der letzten Minute« einsetzen. Diese habe einen chaotischen, panikartigen Charakter, neige zu Flickschusterei und münde insgesamt in eine schwierige und für die Demokratie extrem bedrohliche Phase des Managements unter den dann realen Vorzeichen der nahen Katastrophe. Allein in einer frühen und bewussten Antizipation läge die Chance für eine Hoffnung gebende Utopie.

Endspiel

Um die Gestaltungsaphasie vergangener Regierungen aufzulösen, sind die gegenwärtigen und zukünftigen politischen Führer zu einem temporeichen Klimaregieren verpflichtet. Auf der anderen Seite müssen sie ihre Handlungen viel deutlicher erklären und begründen, denn das Endspiel, in dem wir uns befinden, ist bisher nicht im Bewusstsein der Bevölkerung angekommen. Die Frage, ob es zu einem für alle lebensbedrohlichen Anstieg der Temperaturen kommt, hängt dabei ganz sicher auch von den internationalen politischen und gesellschaftlichen Entscheidungen dieser Jahre ab. Ein möglichst gleichgerichtetes internationales Agieren muss dabei das Ziel sein.

Ulrich Beck erwähnt in seinem Buch *Weltrisikogesellschaft* ein geradezu vorbildliches Beispiel für das selbstverständliche globale Risikohandeln einer Weltgesellschaft: Am 10. August 2006 verhafteten britische Behörden 25 Verdächtige und verhinderten so ein Weltattentat. Selbstmordattentäter hatten den Plan gefasst, auf dem Weg vom Flughafen London-Heathrow in die USA mehrere Passagierflugzeuge mithilfe von flüssigen Chemikalien synchron zur Explosion bringen. Das Attentat fand nicht statt, weil die britische Polizei unter internationaler Kooperation rechtzeitig eingreifen konnte. In den Monaten nach dem vereitelten Attentat trat eine weltweite Vorschrift in Kraft, die den Transport von Flüssigkeiten in der Flugzeugkabine streng begrenzte beziehungsweise verbot.

Die Verordnung ist bis heute in Kraft. Als Sicherheitsvorkehrung ist sie eine Reaktion auf eine weltweit veränderte Risikolage durch antizipierte Terroranschläge auf Flugzeuge. Sie schränkt die Freiheit von täglich Millionen von Passagieren auf unabsehbare Zeit ein. Flugpassagiere nehmen diese Einschränkung seit 17 Jahren klaglos hin, weil die Terrorgefahr insbesondere seit dem 11. September 2001 in ihren Köpfen vorstellbar geworden ist.

Die Reaktion auf die Gefahr von Selbstmordattentätern im internationalen Flugverkehr erfolgte rasch und sie war drastisch. Die Risiken der Klimakrise begreiflich zu machen, erscheint im Vergleich dazu viel schwerer. In der Tat erscheint das Klimarisiko anspruchsvoller in der Erklärung als jede andere Gefahrenvermittlung, die ein Lebensrisiko in der Zukunft betrifft. Es scheint erheblich einfacher zu sein, sich Terroristen in Flugzeugen vorzustellen und danach zu handeln als eine Welt, die sich in einen Dürreplaneten verwandelt hat und auf dem Menschen vor der Hitze fliehen. Terroranschläge sind bereits an vielen Orten der westlichen Welt konkret erlebt worden. Wir verhalten uns inzwischen dazu, sie sind Teil unseres Alltags, indem wir beispielsweise unsere Zahlungen in Unternehmen mit Terrorlisten abgleichen oder indem Flugreisende mehr Zeit für den Antritt ihrer Reise einplanen. Das Risiko der Klimakatastrophe ist weiterhin ein offenes Vermittlungsthema, das in den meisten Teilen bisher nicht geglückt ist.

Im Rückgriff auf Becks Definition von Risiko sei gesagt, dass die Kategorie des Risikos immer eine Welt zwischen Wissen und Nichtwissen, zwischen wahr und falsch, zwischen gut und böse eröffnet. Dies bedeutet jedoch nicht, dass das Risiko jeder Form von Wissen unzugänglich ist. Man kann das dazu notwendige Bild im Kopf beispielsweise mit den Mitteln der Wissenschaft erstellen oder mit Schilderungen von Ereignissen, die es in eine bestimmte Richtung von Vorstellbarkeit bringen. Nichts anderes versuche ich in diesem Buch. Alles Gesagte bedeutet jedoch, dass sich in der Kategorie des Risikos immer der Umgang mit Ungewissheiten auftut. Die

Vermittlung des Klimarisikos ist ein fiktionaler Akt, also eine Spekulation über die Zukunft, da die Katastrophe in den Alltagserfahrungen der meisten Menschen noch nicht bewusst in Erscheinung getreten beziehungsweise konkret erlitten worden ist. Sie enthält jedoch eine maximale Belohnung in sich. Es ist jene Chance, dass der negativste beschriebene Risikofall aufgrund eines guten Krisenmanagements gar nicht eintreten wird. Akte der Vorstellbarkeit der Katastrophe zu ermöglichen, ohne Übertreibung, ohne apokalyptische Darstellungsweisen, stellt für eine dem Menschheitsrisiko angemessene Politik eine unerlässliche Aufgabe dar.

In früheren Jahrhunderten waren Risiken sichtbarer, damit auch überschaubarer. Diejenigen, die Risiken für sich einschätzten und dann auf sich nahmen, waren oft die Abenteurer dieser Welt. Angefangen mit dem Roman *Don Quijote* von Miguel de Cervantes (1605/1615), bekamen sie häufig einen Heldenstatus zugeschrieben. Sie stürzten sich in das Risiko und gingen daraus als Sieger hervor. In den Romanen Honoré de Balzacs kennen die Helden den glücklichen Kampf schon nicht mehr. Sie brechen noch auf, aber der Glaube daran, dass Risiken für sie nicht mehr zählen, bewährt sich nicht, die Unterschätzung des Risikos wird ihnen zum Verhängnis. Bei Franz Kafka ist noch nicht einmal mehr der Aufbruch zu spüren, sondern nur noch Resignation und Apathie, bei Thomas Manns *Felix Krull* wird der Abenteurer zum Hochstapler. Diese kritische Sicht auf den Helden, der einst versuchte, das Risiko zu besiegen, hat sich in der Literatur bis heute gehalten. Die Heroik des Risikonehmers ist dabei nur noch als gebrochene Figur zu haben. Die Literatur kennt nur noch Anti-Helden, die noch nicht einmal mehr im Risiko umkommen. Allein in der Wirtschaft und im Sport wird noch öfter von echten Siegern erzählt.

Da die Literaten zu den wichtigsten und klügsten unter den Weltbeobachtern gehören, spricht aus der Veränderung in ihrem Figurentableau auch eine Veränderung in der Beurteilung von Risiken moderner Gesellschaften. Salopp gesagt, sind die modernen

Risiken zu groß und zu komplex geworden, um als ihr Besieger immer alles richtig zu machen.

In Gesellschaften wie in Unternehmen beruhen Risikoeinschätzungen auf Aushandlungsprozessen, für die es keine festen Regeln gibt. In Unternehmen sind oft feste Zirkel oder Komitees dafür vorgesehen, in denen Abstimmungsgespräche über die Risikoeinschätzung der Geschäfte regelmäßig alle paar Monate durchgeführt werden. Am Ende entsteht dabei eine finanzielle Rangliste der bewerteten Risiken, die mit dem zur Verfügung stehenden Kapital abgeglichen wird.

Bei der Klimakrise fehlt es in Regierungskoalitionen seit Langem an einem Abgleich von Einschätzungen, die zu einer gemeinsam vorgetragenen Risikoabschätzung führen, beispielweise zwischen Wissenschaft, Politik, Wirtschaft und Sozialverbänden. Ulrich Beck spricht in diesem Zusammenhang von einer neuen »Riskantheit des Risikos«, weil die Bedingungen der Kalkulation zunehmend volatil werden und Einschätzungen grundsätzlich die Größe der Risiken scheuen. Diese neue »Riskantheit« trifft auf die Bewertung der Klimarisiken an allererster Stelle zu. Es entwickele sich daher ein neues moralisches Klima der Politik, prophezeite Beck, in dem der Konflikt um unterschiedliche Wertungen öffentlich ausgetragen wird. Nichts anderes erleben wir gegenwärtig. Genau dies muss jedoch vermieden werden, indem die Risikoeinschätzung in Kreise verlegt wird, an denen die Vertreter wesentlicher gesellschaftlicher Akteure beteiligt sind und in denen man zu einer gemeinsamen Sicht auf das Endspiel beziehungsweise seine Vorbereitung gelangt.

Die Schwierigkeit der politischen Einstimmung auf eine schleichende Katastrophe wie der des Klimas ist in den vergangenen Krisenjahren in eine Sackgasse der Aufklärung und oft genug in einen falsch verstandenen Auftrag heutiger Politikverantwortlicher gemündet. Eine Gesellschaft jederzeit von allem Übel fernzuhalten, ihr nichts mehr zuzumuten und sie unter keinen Umständen mit irgendetwas zu beunruhigen oder zu belasten erscheint gerade jetzt nicht mehr der richtige Weg zu sein, der zu einer höheren Akzeptanz von notwendigen Krisenmaßnahmen führt. Man kann mit einer gewissen Sicherheit davon ausgehen, dass Politiker es heute vorziehen würden, lieber nicht von einem »Klimaendspiel« zu sprechen, das jedoch vor uns liegt und dessen Vorzeichen wir mittlerweile alle miteinander erkennen. Eher werden aus wahltaktischen Gründen Aktionsplacebos und Worthülsen gesetzt, um durch eine möglichst unklare Ansprache, an die wir fast schon gewöhnt sind, eine wenigstens diffuse Beruhigung zu erreichen.

Als Nichtpolitikerin ist es leicht, für eine Inszenierung zu plädieren, die dem Endspiel, in dem wir uns befinden, angemessen ist. Eine solche Inszenierung sollte so anschaulich und so vorstellbar auf die zukünftigen Risiken und Gefahren eingehen wie nur möglich. Außerdem verlangt sie eine neue Klarheit und Prägnanz in der Sprache, die die Dinge beim Namen nennt und nicht nur vage umschreibt. Und vor allem spreche ich für eine Direktheit, aber auch Umsicht in der Ansprache, die die immensen sozialen Hilfestellungen benennt, die notwendig sein werden. Dass es jetzt um das Endspiel der Menschheit geht, sollte nicht mehr unterschlagen werden. Dazu gehört auch der Vortrag eines möglichst vollständig ausgearbeiteten neuen Maßnahmenkatalogs, der dank des gegenwärtigen 2,8-Grad-Pfades deutlich einschneidender sein muss als der bisherige.

Zeit für Radikalität – ein Resümee

Was ist das Resümee? Zur Kenntnis zu nehmen ist, dass alles bisherige Handeln gegen die Klimakrise vergeblich gewesen ist. Die Krise ist nicht aufgehalten worden, sie hat sich sukzessive deutlich verschärft. Darüber darf nicht länger hinweggegangen werden, denn nicht nur an den weiter steigenden Treibhausgasemissionen, sondern auch an den auffälligen Veränderungen in der Natur, dem um sich greifenden Wassermangel, der Hitze, den Buschbränden, den aggressiven Niederschlägen und Überschwemmungen, dem globalen Meeressterben wird für alle sichtbar, dass die bestehenden Strategien längst versagt haben. Wenn man überhaupt noch einen rettenden Streifen am Horizont der Klimafront erblicken will, muss eine neue Entschiedenheit im Handeln Platz greifen. Und wenn wir schon wissen, dass unsere gesteckten Ziele nicht ausreichend sind, um zu einer Minderung oder Verzögerung der Gefahr zu kommen, dann ist die Formulierung schärferer Ziele und Maßnahmen jetzt Pflicht.

Wir sehen heute sehr genau, dass wir die Ziellatte von Paris mit allem, was wir bisher versucht haben, massiv verfehlen werden. Nicht ein bisschen, nicht um ein paar Zehntel Punkte, sondern um 100 bis 150 Prozent. Bei unseren Bemühungen haben die sogenannten »Märkte« (der Finanzmarkt, der Emissionshandel, das Zusammenspiel von Angebot und Nachfrage etc.) völlig versagt. Aber es haperte auch an der Umsetzung anderer Ideen jenseits der Märkte. Wenn überhaupt, dann wirkten und wirken die Marktmechanismen viel zu langsam für das, was passiert. Im Rückblick waren sie für das Vorstadium einer Katastrophe das falsche Instrument. »Der Klimawandel steht für das größte und weitreichendste Marktversagen, das die Welt jemals gesehen hat«, fasste es Nicholas Stern, bekannter Ökonom und früherer Chef der Weltbank, bei einem Vortrag vor der Royal Economic Society (RES) zusammen.

Das Resümee kann nur eine neue Ernsthaftigkeit und Radikalität sein. Zukunftsfähig macht uns allein ein von Europa ausgehendes, viel radikaleres Handeln gegen diese Krise. Ein Handeln, das direkte Maßnahmen und vor allem pragmatische neue Regeln für das Leben und Arbeiten vorsieht und diese mit großer Kraft vorantreibt. Eine solche neue europäische Initiative ist nicht als Macht-, sondern als Rettungsfantasie zu verstehen. Von Europa gingen die Menschheitsrisiken einst aus, für Europa gibt es somit die Pflicht, besser, das heißt auch erfolgreicher, an der Rettung der Menschheit zu arbeiten als bisher. Dabei ist noch einmal zu unterstreichen, dass keine Nation und auch kein Kontinent diese Probleme allein wird bewältigen können. Im Stadium der Krise, in dem uns nur noch ein paar Jahre zum Handeln bleiben, gibt es kein einziges Argument mehr für Unilateralismus. Wenn man jedoch überhaupt über stärker bindende internationale Klimavereinbarungen ins Verhandeln kommen will, wird Deutschland als viertgrößte Volkswirtschaft der Welt nichts anderes übrig bleiben, als eine Vorbildfunktion einzunehmen. Eine internationale Einflussnahme wird einem ohnehin erst gestattet, wenn man die eigenen Verhältnisse im Hinblick auf klimaadäquates Handeln in Ordnung gebracht hat.

Zu einem neuen Katalog von anzustrebenden Direktmaßnahmen könnten die folgenden gehören: Die größte CO_2-Last liegt in der Energieproduktion und dabei immer noch im Sektor der Kohleverstromung. Unser Kontinent sollte sich das Ziel setzen, bis 2030 einen europaweiten, gemeinsamen und vollständigen Kohleausstieg nachweisbar zu erreichen, und zwar unabhängig davon, ob weiter Krieg in Europa herrscht oder nicht. Die dafür notwendigen Maßnahmen sind schnellstens einzuleiten. Sie sind bekannt und heißen: massiver Ausbau erneuerbarer Erzeugungsanlagen und rascher Aufbau von wasserstofffähigen Hybridkraftwerken für die energetische Residuallast inklusive eines Marktdesigns, das das Vorhalten dieser Kapazitäten anreizt. Parallel dazu ist bis 2030 ein vollständiges Versorgungssystem für grünen Wasserstoff in Europa aufzubauen. Entsprechend sollte innerhalb der nächsten sechs Jahre eine inländische Netz- wie auch eine paneuropäische Importinfrastruktur für den Transport von Wasserstoff aufgebaut werden. Daneben müssen, neben dem vielfach schnelleren Ausbau der erneuerbaren Erzeugungslandschaft und der Stromnetze in Deutschland, auch massive Investitionen in erneuerbare Energien in weiter entfernten Ländern getätigt werden, in denen grüner Strom dank unbesiedelter oder versteppender Landflächen und langer Küstengebiete leichter zu gewinnen ist als in dicht besiedelten oder topographisch und klimatisch eher dafür weniger geeigneten Ländern des Kontinents. Allein daraus ist grüner Wasserstoff zu gewinnen.

Als juristischer Nebenkriegsschauplatz wäre noch das völkerrechtliche Abkommen des sogenannten »Energiecharta-Vertrags« abzuräumen, den 53 Länder im Jahre 1994 zum Schutz ihrer Auslandsinvestitionen im Energiebereich unter sich abgeschlossen haben. Kaum ein anderer völkerrechtlicher Vertrag hat in den letzten Jahren so sehr die politischen Gemüter bewegt, weil er hauptsächlich dazu genutzt wird, Investitionen im fossilen Bereich gegen nationale Ausstiegspläne, beispielsweise aus der Atom- oder Kohleenergie, zu torpedieren. Unter der Charta-Vereinbarung geschlossene Verträge unterliegen der Schiedsgerichtsbarkeit, also keinen staatlichen Gerichten, und es ist bisher fraglich geblieben, ob die vom jeweiligen Ausstieg betroffenen Unternehmen den aussteigenden Staat nicht dennoch auf gewaltige Schadensersatzsummen verklagen können.

In Gebäuden, in denen absehbar noch auf fossiler Basis geheizt wird, müsste ab sofort eine allgemeine Raumtemperaturvorgabe von maximal 19 Grad Celsius zum Gesetz werden, solange bis die Wärmewende erreicht ist. Für den Autoverkehr in der Stadt sollten Verbrennerfahrzeuge schnellstmöglich mit einem Verbot für Fahrten mit nur einer Person belegt werden, wogegen für reine E-Autos Einzelfahrten erlaubt und freie Fahrt auch auf Busspuren zur Regel gemacht werden sollte. Ein europaweites Tempolimit von 120 km/h ist als selbstverständlich anzusehen. Europaweit wäre längst ein Flugverbot für alle Flüge zu verhängen gewesen, bei denen eine Bahnfahrt für die gleiche Strecke weniger als fünf bis sechs Stunden dauert. Dies sollte sofort nachgeholt werden. Daneben sollte an allen Flughäfen und für alle Destinationen eine Entfernungssteuer auf jeden geflogenen Flugkilometer eingeführt werden. Die neue Steuer sollte sowohl im Passagier- wie auch im

Transportverkehr gelten, sie sollte Flugreisen reduzieren helfen und die Herbeischaffung nicht lebensnotwendiger Güter aus weit entfernten Ländern erschweren. Das Ergebnis muss deutlich weniger Flugverkehr sein, solange Flugzeuge durch fossile Kraftstoffe betrieben werden. Gleiches sollte für Schiffe gelten, die weiterhin mit Diesel fahren. Auch hier bedarf es einer entfernungsabhängigen Steuer für den fossil betriebenen Passagier- und den Warenverkehr. Ebenso sollte für Transporte auf Straße und Schiene eine abgestufte Transportsteuer je Kilometer der Entfernung zwischen Hol- und Zielort eingeführt werden, um die regionale Versorgung deutlich zu stärken.

Einer der größten CO_2-Verursacher weltweit ist die Baubranche. Sie verursacht insgesamt sagenhafte 38 Prozent der globalen CO_2-Last. Darin nehmen das Heizen, der Stromverbrauch für Leben, Warmwasser und Kühlung mit insgesamt 30 Prozent den größten Anteil ein. Diese riesigen Lasten sind mit einer forcierten Energie- und vor allem der Wärmewende deutlich zu reduzieren, die keinesfalls länger verzögert werden darf. Im Windschatten der Energieverbräuche des Gebäudebereichs liegt der extreme Ressourcen- und Energieverbrauch für das Bauen selbst. Allein die Zementherstellung verursacht weltweit acht Prozent der CO_2-Emissionen, damit doppelt so viel wie der internationale Flugverkehr. Es gibt bisher kaum Ansätze und Regierungsvorgaben für ein viel intensiveres Recycling am Bau. Die Vorgaben für einen optimalen Materialeinsatz, einen niedrigen CO_2-Fußabdruck der eingesetzten Materialien, die Rückführbarkeit der verbauten Werkstoffe in Kreisläufe und die Verwendung von recycelten Baustoffen sind viel zu spärlich. Die Fördersätze für Sanierung müssen so weit angehoben werden, dass die Gebäudesanierungsquote von derzeit 1,5 Prozent auf fünf Prozent gesteigert wird. Ziel muss es sein, viel mehr Umbau statt Neubau zu fördern. Jedes Gebäude, das ich saniere, ist ein Gewinn. Die Vorgabe von 400 000 neuen Wohnungen aus dem Koalitionsvertrag sollte daher revidiert oder präzisiert werden.

Reiner Neubau geht in dieser Größenordnung massiv auf Kosten des Klimaschutzes, wenn keine präzisen Regelungen für klimagerechtes Bauen, nicht nur im Sinne energetischer Sanierung, existieren. Experten schlagen eine Baureform vor, die den Umbau und die Sanierung massiv erleichtert. Aktuell trägt die gesamte Baugesetzgebung immer noch zu stark die Perspektive des reinen Neubaus. Auch beim Bauen agieren wir als gnadenlose Wegwerfgesellschaft mit extremen Massen an Bauschutt, der nicht wiederverwendet wird und die Umwelt enorm belastet.

Für alle Online-Lieferungen sind 24/7-servicebereite Abholpunkte in Innenstädten einzurichten, um den Innenstadtverkehr von Lieferfahrzeugen zu entlasten. Die Einzellieferung frei Haus entfällt damit für Großstädte. Auch für online bestellte Einzellieferungen auf dem Land ist die Entfernungssteuer anzusetzen, wenn auch in verminderter Form. Einzellieferungen sollten in ländlichen Regionen weiterhin möglich bleiben, da der Erhalt der Versorgungsinfrastruktur dort so stark vernachlässigt wurde, dass eine andere Lösung vorläufig nicht zumutbar erscheint. Der Wiederaufbau an Kern-Versorgungsinfrastruktur auf dem Land ist zu fördern oder zeitweise komplett staatlich zu finanzieren, denn er spart Verkehr und lindert die Wohnungsnot in den Städten.

In der Industrie sind alle Produkte, einschließlich derjenigen des Textilsektors, einer Emissionsprüfung und Schädlichkeitserhebung im Hinblick auf biologische Abbaubarkeit sowie auf andere Beeinträchtigungen von Klima-, Wasser- und Artenschutz zu unterziehen. Auch hier ist eine entsprechende Besteuerung nach Schädlichkeit, das heißt nach Aufwänden für die Beseitigung von Schäden, vorzusehen. In absehbarer Zeit sind für die schädlichsten Produkte Liefereinstellungen zu verhängen.

Ein vollständiges Verbot von Einwegverpackungen aus Plastik sollte möglichst rasch, spätestens aber ab 2025 eingeführt werden, es sei denn, der Hersteller beziehungsweise der Händler unterzieht sich einem Pfandsystem mit Rücknahme- und Recycling-, besser noch Wiederbenutzungspflicht. Grundsätzlich sollten alle Einmalverpackungen ab sofort besteuert werden, es sei denn, sie sind zu 100 Prozent aus umweltfreundlichem, also biologisch vollständig abbaubarem Material hergestellt. Für alle anderen Verwendungen von Plastik, die neben Verpackungen noch genutzt werden, ist eine 100-prozentige Rückgabe- und Rücknahmepflicht und nur in Ausnahmefällen ein Recycling vorzusehen. Mengenausweitungen in der Produktion von Plastik sowie von Plastikabfall sollten dadurch nach und nach stark reduziert werden.

Für alle Metalle, seltenen Erden, Baustoffe und andere wertvolle Rohstoffe ist bis spätestens 2030 eine vollständige Kreislaufwirtschaft einzuführen. Ziel ist es, die Stoffe so zu verwenden, dass sie leicht rückzugewinnen und damit vollständig und verlustfrei neu einsetzbar sind. Auch bedarf es einer intensiven Forschung nach Alternativmaterialien, nach Materialeinsparmöglichkeiten und Prozessen des »Remanufacturing« oder der »Refabrikation«, bei denen ganze Komponenten oder das wertvollste Material eines Produkts wiederbenutzt werden können. Für die Produktion von Müll, sowohl im Gewerbe wie in der Produktion, der Landwirtschaft und auch den Privathaushalten, sollten Mengenvorgaben eingeführt werden, welche die Müllverbrennungslasten zu reduzieren helfen. Für den Viehbestand in Deutschland sind die Flächenvorgaben so zu verändern, dass der Bestand des Viehs um mindestens die Hälfte eingekürzt wird. In diesem Zusammenhang sind auch neue Regeln für die Fleischverarbeitung zu erlassen und Maßgaben für einen stark gemäßigten Fleischverzehr massiv zu bewerben und anzureizen.

Der Umstieg von einer indirekten auf eine direkte Steuerung sowie auf regulierende Eingriffe des Staates verlangt ein anderes Regierungshandeln, als wir es in den letzten beiden Jahrzehnten gewohnt sind. Die Zeit ist vorbei, in der wir langsam, mit für die Gesellschaft fast unsichtbaren Klimamaßnahmen unterwegs waren und den Bürgern, abgesehen von einem Plastiktüten- oder Trinkhalmverbot, im Hinblick auf das Klima nicht viel zugemutet haben. Der Bevölkerung muss dabei klargemacht werden, dass wir auf nicht weniger als einer Rettungsmission sind. Niemand mag Regulierung, sie muss aber eingesetzt werden, wenn eine Menschheitsbedrohung in kritischen Zeiträumen schnelles und gezieltes Handeln verlangt. Bürger*innen muss dabei konkret und verständlich erklärt werden, dass wir unser Klimakonto massiv überzogen haben und unser Kapitalgeber, die Natur, keiner weiteren Ratenrückzahlung mehr zustimmt. Ein Leben unter den beschriebenen oder ähnlichen Regeln ist kein unattraktives Leben, es geht nicht zurück in die Steinzeit. Es bedeutet jedoch an mehreren zentralen Stellen die Akzeptanz einer Komfortreduktion, beispielsweise beim weitgehenden Verzicht auf Plastik, von der Verpackung bis zur Kleidung, bei der innerstädtischen Mobilität oder beim Verzicht auf Lieferservices. Vor allem bedeutet es Kostensteigerungen (Reisen, Bauen, Technologiewechsel) und die Einplanung eines höheren Zeitbudgets (Rückgabesysteme bedienen, Einkaufen, Mobilität etc.). Im Bereich der Wirtschaft werden unter einem anspruchsvollen CO_2-Reduktionsregime die deutlichsten Veränderungen zu tragen sein. Sie verlangen nicht nur die energetische Transformation, sondern auch die Transformation von Geschäftsmodellen in das 21. Jahrhundert.

Als Volk haben wir ein stark reglementierendes politisches Agieren bisher nur in sehr akuten Notphasen, beispielsweise in der Zeit der Pandemie oder am Beginn des Ukrainekrieges, akzeptiert, und auch dann nur für kurze Zeit. Direkte Einsparmaßnahmen von Bürgern einzufordern oder stärkere und permanent durchzuhaltende Verhaltensänderungen im Alltag vorzuschreiben, die dann auch Konsequenzen für den täglichen Lebensablauf haben, gehen über das Rauchverbot oder das Tragen von Masken weit hinaus. Den Wechsel von Heizsystemen, der verpflichtende Bau von Dach-Photovoltaikanlagen, die konsequente Benutzung von Fernzügen und ÖPNV statt des Autos, der Einbezug von Abwasser auch in die privaten Wasserkreisläufe oder die Nutzung von Abluft für die Heizsysteme der Gebäude, die komplette Umstellung von Mobilität, Ernährung und Konsum: All das sind Aufgaben eines forcierten Klimamanagements und sie verlangen in Zukunft eine andere politische Konzentration. Vor allem aber verlangen sie eine andere Einstellung zur Klimakrise.

In der Phase der Antizipation einer schweren Klimakrise überschneiden sich Normal- und Ausnahmezustand. Eine dem Regieren in Klimakrisenzeiten angemessene politische Kunst besteht darin, die forcierte Dekarbonisierung aller Lebensabläufe als Schutzmaßnahmen der Bevölkerung zu definieren. Vor der Anordnung von neuen Reglements ist Zeit und Engagement darauf zu verwenden, ein passendes ökologisches Sozialpaket zu schnüren, das die Einsicht und Annahme aller Betroffenen in die Maßnahmen erhöht und das von starken finanziellen Anreizen zur Emissionsminderung flankiert wird. Gleichzeitig ist eine Kampagne der permanenten Aufklärung über Jahre und Jahrzehnte zu führen. »Aufklärung« ist dabei nicht als ein Bündel von Zahlen zu verstehen, das vor Kameras gehalten und heruntergebetet wird, oder als endlose Folge von Talkshowstreitgesprächen, in denen die einfachen Erklärungen immer den Vorzug bekommen.

Vielmehr müsste sich Aufklärung gleichermaßen als Ergebnis einer machtvollen Top-down-Inszenierung aus Politik, Wissenschaft, Wirtschaft sowie sozialen Verbänden und nicht staatlichen Bewegungen vollziehen, die dazu führt, dass jeder Bürger die Klimakatastrophe »im Kopf hat«, dadurch zugleich aber auch deren Lösungswege versteht und akzeptiert. Erst, wenn man die Krise ständig im Kopf hat, nimmt man bestimmte Naturveränderungen überhaupt wahr und wird aufmerksam für Veränderungen in der eigenen oder näheren Umgebung, wie die Gletscherschmelzen in den Alpen oder die viel zu warmen Temperaturen der Ostsee und des Mittelmeers. Und erst dann, wenn man die Krise im Kopf hat, versteht man auch, warum Eile geboten ist. In der Antizipation der

Katastrophe ist jede politische Entscheidung, die die Bevölkerung betrifft, zudem öffentlich stärker selbstreflexiv zu vollziehen. Das heißt, Motive, Denkwege, Zusammenhänge und durchdachte Alternativen sind auf einem verständlichen Sprachniveau öffentlich darzustellen.

Ein anderes Hindernis für die Akzeptanz radikalerer Maßnahmen besteht darin, dass Menschen höheren Alters die Krise gerne verdrängen, weil sie davon ausgehen, dass ein katastrophaler Klimazustand sie »dank« ihres Lebensalters gar nicht mehr betreffen wird. Solidarität und Mitgefühl mit Menschen zu empfinden, die noch gar nicht geboren sind, ist sehr schwer, sagt der deutsche Philosoph Thomas Metzinger. Viele ältere Menschen spüren wohl die Wucht, die in der Klimakrise steckt, ihr Instinkt lässt sie jedoch oft anders handeln. »Jetzt erst recht, solange es noch geht«, lautet dann gewissermaßen die Devise. Auch hierauf sollte in einer Inszenierung radikalerer Klimamaßnahmen eingegangen werden, und zwar in der Weise, dass wir es uns nicht mehr leisten können, Toleranz gegenüber der Ignoranz von anderen zu üben. Das heißt, dass auch die ältere Generation mitmachen muss, da sie ohnehin die meiste Zeit ihres Lebens ohne große Klimaeinschränkungen verbracht hat.

Unvermeidlich ist in diesem Zusammenhang auch ein neuer Diskurs über den Freiheitsbegriff. Der französische Philosoph Pierre Charbonnier erläutert in seiner 2020 erschienenen historischen Analyse der liberalen Freiheitstheorie, auf Deutsch im Jahr 2022 unter dem Titel *Überfluss und Freiheit* erschienen, den Zusammenhang zwischen dem neoliberalen Begriff von Freiheit und Überfluss. Die Klimakrise stellt die wesentlichen Annahmen liberaler Politik infrage, sagt mittlerweile nicht nur Charbonnier. Mit diesem Verständnis der Gegenwart im Kopf erscheint es umso dringender notwendig, sich eher auf die alten Werte einer liberalen Ordnung zu besinnen, die, wie bereits betont, die Grenzen der Freiheit des Einzelnen da setzt, wo sie die Freiheit des Anderen eingrenzt. Die Grundlage dieses Freiheitsbegriffs wäre das Ideal der Freiheit für die Vielen und nicht ein Übermaß an Freiheit für wenige Exzentriker. Gleichwohl wertet ein solches Verständnis von Freiheit auch wieder den Wert der Gleichheit hoch. Gleichheit gedacht vor allem als Chancengleichheit am Start des Lebens.

Nicht anders als durch den Schutz zu grundrechtlicher Freiheit für zukünftige Generationen hat schließlich auch das Bundesverfassungsgericht sein Urteil zum Klimaschutz im Frühjahr 2021 begründet. Danach darf nicht einer Generation zugestanden werden, unter vergleichsweise milder Reduktionslast große Teile des CO_2-Budgets zu verbrauchen, wenn damit zugleich den nachfolgenden Generationen eine radikale Reduktionslast überlassen und deren Leben von Beginn an umfassenden Freiheitseinbußen ausgesetzt würde.

Ein Freiheitsbegriff, der sich auf das »Erlöschen des energetischen Mega-Feuers« konzentriert, wie Peter Sloterdijk es nennt, und der das naive und maßlose Aufblähen des Industriezeitalters in einen »energetischen Pazifismus« münden lässt, müsste in der Tat unser Ziel sein. Damit wären dann als Nebenfolge auch die exzentrischen und übermäßig CO_2-belastenden Hobbys einzelner Superreicher zum Erliegen gebracht, die die Erde mit ihren egoistischen Weltraummissionen beeindrucken wollen. Man brauchte sie gar nicht mehr abzumoderieren, zu canceln oder zu dissen, wie es neudeutsch heißt. Ihre Ideen würden sich von selbst erledigen. Sich mit dem veränderten Wert der Freiheit unter den Gegebenheiten der Klimakatastrophe intensiver, auch kämpferischer auseinanderzusetzen, dürfte ein wesentlicher Auftrag nicht nur an die Adresse der Politik, sondern auch an die der gegenwärtigen Philosophie und Soziologie sein. Er ist bisher noch nicht hinreichend bearbeitet worden.

Die Utopie eines weltweiten energetischen Pazifismus erscheint in Zeiten eines brutalen Krieges auf europäischem Boden noch utopischer, als sie es in Friedenszeiten bereits ist. Die geopolitische Situation spricht zurzeit gerade nicht dafür, dass man sich zusammensetzt und offen über Probleme spricht. Dennoch liegt gerade darin eine der wenigen Chancen, die für unser Überleben notwendige Weltklimawende in die Tat umzusetzen. Die Tatsache, dass weder Abmachungen der Vereinten Nationen noch Einzelkooperationen zwischen befreundeten Ländern bisher irgendwelche relevanten Wirkungen auf die Reduktion der globalen Emissionen erreicht haben, zeigt, dass in globaler Hinsicht ganz andere Formate zum Einsatz kommen müssen.

Die G-20-Staaten stehen für mehr als 81 Prozent der CO_2-Last der Welt. Es gibt niemand anderen als die Regierungschefs dieser Staaten, die die Verantwortung für die Veränderung der 81 Prozent im Rahmen ihrer CO_2-Emissionen zu tragen haben. Die G-20 müssen vorangehen und einen runden Tisch exklusiv zur Klimakrise einrichten. An diesem Tisch sollten sie sich freiwillig dazu verpflichten, für die notwendige massive Reduzierung ihrer CO_2-Last innerhalb weniger Jahre zu sorgen, indem sie sich untereinander verabreden, wirksamere als die bisherigen Maßnahmenpläne auszuarbeiten und sie miteinander auszutauschen. Die Umkehr der bisher weiter ansteigenden CO_2-Linie ist nur von diesen Staaten und ihren Anführern zu brechen, nicht von den restlichen 19 Prozent der Welt. Eine Halbierung des Ausstoßes in spätestens sieben Jahren ist von den G-20-Staaten zu erreichen. Es ist ihnen zuzumuten.

Eine planetare Klimaagenda, die das Überschreiten aller global wirkenden Kipppunkte verhindert, von denen man annimmt, dass sie noch nicht erreicht sind, wäre von den G-20 ebenfalls als einer der ersten Arbeitsschritte rasch zu erarbeiten. Mit der Umsetzung von Maßnahmen zur Verhinderung der Erreichung der Kipppunkte müsste global oder in den betroffenen Gebieten sofort begonnen werden. Als weitere Aufgabe täte eine Schutzstrategie für jene Teile der Weltbevölkerung Not, für die durch nationale Maßnahmen zur Zeit überhaupt nicht gesorgt wird oder gesorgt werden kann. Eine solche Strategie hätte noch eine ganz andere globale Schutzwirkung, nämlich die vor massenhafter Klimamigration. Viel besser wäre es ja, die Menschen in ihren Heimatgebieten jetzt so zu unterstützen, dass sie dort bleiben können.

Von der Gemeinschaft der G-20-Staaten wären dafür mehrere Hilfsfonds einzurichten, deren Kapital dafür genutzt werden sollte, planetare Extrem-Notlagen im Hinblick auf das Klima abzuwenden. Eine der ersten Maßnahmen müsste dabei im sofortigen Stopp der Abholzung aller Regenwälder liegen, wofür den davon betroffenen Ländern ihre entstehenden Ertragsausfälle auszugleichen sind. Die zweite globale Maßnahme läge in der Wiedervernässung aller trocken gelegten Moore, die dritte in einem gigantischen globalen Wiederaufforstungsprogramm. Aus dem Kapital der Hilfsfonds sollten außerdem Investitionen für den Wirtschaftsaufbau in den am stärksten durch Klimagefahren gefährdeten Gebieten der Erde gefördert werden, auch dies, um dadurch massive Klimamigration in der Zukunft zu verhindern.

Schließlich sollte die Klima- und Risikoforschung global gebündelt und intensiviert werden. Auch dazu braucht es mehr Geld. Es kümmert sich eine sehr große Anzahl von Menschen um die Vermeidung von Verkehrsunfällen und anderer Routineprobleme, aber wahrscheinlich nur 100 bis 200 Menschen auf der Welt beschäftigen sich hauptsächlich mit Katastrophen, die sich global ausbreiten und eine Milliarde Menschen oder mehr töten können, sagt sinngemäß Martin Rees, königlicher Astronom, britischer Risikoforscher und ehemaliger Professor für Astrophysik in Cambridge. Zur Klimakrise äußerte er sich in einem Interview mit der Süddeutschen Zeitung wie folgt: »Politiker neigen dazu, kurzfristig zu denken, die Öffentlichkeit neigt dazu, kurzfristig zu denken. Wir müssen deshalb dafür sorgen, dass schnellstens Maßnahmen ergriffen werden. Sonst sind wir wie der Frosch im sich erwärmenden Wasserbad, der sitzen bleibt, bis es zu spät ist.«

Wen wir wählen

Am Sonntag, den 3. September 2023, meldete die FAZ unter der Überschrift »Auf dem Weg zum Klimaziel 2030« eine fortlaufend aktualisierte Abweichung der Tagestemperaturen der letzten 30 Tage zum Langzeitmittel (letzte 30 Jahre) um +2,4 Grad Celsius. Die Zahl befand sich in einem Übersichtskasten mit einer Reihe anderer, weniger relevanter Zahlen zum Klimathema. Dass wir uns mit +2,4 Grad bereits deutlich auf Abwegen zum Klimaziel befinden, ging aus dem Kasten gar nicht hervor. Ein Zusammenhang wurde nicht hergestellt, eine Botschaft ergab sich nicht. Die Nachrichten des Sonntags wurden von der Flugblattaffäre um Hubert Aiwanger dominiert. Daneben bestimmten die schlechten Umfragewerte der Regierungskoalition, die steigenden Werte der AfD und die Ergebnisse der Fußball-Bundesliga die Schlagzeilen.

Auch die Gespräche im politischen Umfeld und in Kreisen der Wirtschaft rotierten in diesen Wochen um die hohen Zustimmungswerte der AfD. In Wahlumfragen erreichte die Partei mit 21 Prozent den zweiten Platz hinter der CDU (27 Prozent), sie lag vor der SPD (16 Prozent) sowie den Grünen (14 Prozent). Je weiter darüber in den Medien spekuliert wurde, desto höher stieg die blaue Partei in den Umfragen. Eine klare ökologische Politik schien aus der Angst zu erodieren, mit dem Klimathema weitere Wähler in die Arme der AfD zu treiben. Dabei war das Neue nach einem Sommer der Klimakatastrophen in Mittel- und Südeuropa, in den USA, in Kanada, in Afrika und Asien, dass sich alle Prognosen des IPCC bestätigten und wir die Sintflut inzwischen selbst jederzeit vor unseren eigenen Augen erleben konnten.

Die Bekämpfung der Klimakrise duldet keinen Aufschub. Es gibt keinen Grund mehr, eine ernsthafte Klimaschutzpolitik zu verzögern oder zu unterlassen. Wir wählen Parteien mit starken Programmen und starken Führungsfiguren. Wir wählen handelnde Akteure, die nach vorne treten und verantwortlich agieren. Die

Klimakrise ist ein halbes Jahrhundert lang ignoriert worden – das Ergebnis ist das Überschreiten der 1,5-Grad-Schwelle der globalen Erwärmung um fast das Doppelte. Unser verbleibendes CO_2-Budget zeigt uns die wahren Folgen einer Politik der Vernachlässigung: Es lässt uns für eine radikale Abkehr vom bisherigen Handeln noch maximal neun Jahre Zeit. Man muss die Dinge beim Namen nennen: Wir befinden uns im Endspiel um die Bewohnbarkeit des Planeten, uns läuft die Zeit davon und wir haben es bisher alle miteinander vermasselt, uns ernsthaft um eine dramatisch bessere Klimabilanz zu kümmern.

Zu einer Priorisierung dieser Krise gibt es für seriöse Parteien keine Alternative. Notwendig ist ein entschiedenes, systematisches und radikales politisches Handeln gegen den totalen Verfall unserer lebensnotwendigen Atmosphären. Die politische Arbeit daran bedingt eine sehr tiefe Beschäftigung mit der Krise. Unsere Belohnung besteht in der erfolgreichen Umstellung unserer Lebensweise auf ein klimaneutrales Fundament und der Verhinderung katastrophaler Schädigungen.

Dank

Ich danke meiner Familie für viele geduldige gemeinsame Gespräche über das Thema dieses Buches. Im Besonderen danke ich dem Schriftsteller Kurt Drawert für die Begleitung meiner Schreibarbeit. Dem Autor Michael Ortmanns und meinen Kollegen Dr. Nils Roloff und Matthias Send bin ich für den kontinuierlichen und intensiven Austausch zum Thema der Klimakrise zu Dank verpflichtet. Herzlich bedanken möchte ich mich schließlich bei meinem Lektor Marvin Baudisch für seine aufmerksame Korrektur des Manuskripts.

Literatur- und Quellenverzeichnis

Amlinger, Carolin u. Nachtwey, Oliver: *Gekränkte Freiheit: Aspekte des libertären Autoritarismus*, Berlin 2022.

Arendt, Hannah: *Vita Activa oder Vom tätigen Leben*, Stuttgart 1960.

Armstrong McKay, David I. et al.: »Exceeding 1,5° C global warming could trigger multiple climate tipping points«, in: *Science*, Vol 377, No. 6611, September 2022. https://www.science.org/doi/10.1126/science.abn7950

BDI (Bundesverband der Deutschen Industrie e. V.): »Rohstoffsicherheit«. https://bdi.eu/themenfelder/rohstoffe

Beck, Ulrich: *Risikogesellschaft. Auf dem Weg in eine andere Moderne*, Frankfurt a. M., 1986.

Beck, Ulrich: *Weltrisikogesellschaft. Die globalen Gefährdungen – vom Terror bis zum Klimawandel*, Frankfurt a. M. 2007.

Beck, Ulrich u. Latour, Bruno: »Die Apokalypse duldet keinen Sachzwang«, in: *Frankfurter Allgemeine Zeitung*, Gespräch mit Sabine Selchow, Mai 2014. https://www.faz.net/aktuell/feuilleton/debatten/ulrich-beck-und-bruno-latour-zur-klimakatastrophe-12939499.html

Benjamin, Alison: »Stern: Climate change a ›market failure‹«; in: *The Guardian*, November 2007. https://www.theguardian.com/environment/2007/nov/29/climatechange.carbonemissions

BMUV (Bundesministerium für Umwelt, Naturschutz, nukleare Sicherheit und Verbraucherschutz): »Historischer Durchbruch für den Schutz der Weltmeere«, März 2023. https://www.bmuv.de/pressemitteilung/historischer-durchbruch-fuer-den-schutz-der-weltmeere

BMWK (Bundesministerium für Wirtschaft und Klimaschutz): »Europäisches Parlament bestätigt Einigung zur Reform des EU-Emissionshandel«, April 2023. https://www.bmwk.de/Redaktion/DE/Pressemitteilungen/2023/04/230418-europaisches-parlament-bestatigt-einigung-zur-reform-des-eu-emissionshandel.html

Blumenberg, Hans: *Schiffbruch mit Zuschauer*, Frankfurt a. M. 1979.

Blumenberg, Hans: *Die Lesbarkeit der Welt*, Frankfurt a. M. 1981.

Bothe, Claudia u.a.: »Auf dem Weg zum Klimaziel 2030«, in: *faz.net*, Juni 2023. https://www.faz.net/aktuell/wissen/erde-klima/kann-deutschland-seine-klimaziele-erreichen-wir-muessen-uns-ranhalten-18862480.html

Brigham-Grette, Julie et al.: »Pliocene warmth, polar amplification, and stepped Pleistocene cooling recorded in NE Arctic Russia«, in: *Science*, Vol. 340, No. 6139, Mai 2013. https://www.science.org/doi/10.1126/science.1233137

Broecker, Wallace: »Unpleasant Surprises in the Greenhouse?«, in: *nature*, 328, Juli 1987. https://www.nature.com/articles/328123a0

Broecker, Wallace: *Labor Erde. Bausteine für einen lebensfreundlichen Planeten*, Berlin/Heidelberg 1994.

Broecker, Wallace u. Kunzig, Robert: *Fixing Climate. What Past Climate Changes Reveal About the Current Threat and How to Counter It*, New York 2008.

Chakrabarty, Dipesh: *Das Klima der Geschichte im planetarischen Zeitalter*, Berlin 2022.

Chakrabarty, Dipesh: »The chronopolitics of the Anthropocene: The pandemic and our sense of time«; in: *Sage Journals*, Vol. 55, No. 3, März 2022. https://journals.sagepub.com/doi/10.1177/00699667211065081

Charbonnier, Pierre: *Überfluss und Freiheit. Eine ökologische Geschichte der politischen Ideen*, Frankfurt a. M. 2022.

Crutzen, Paul J. u. Stoermer, Eugene F.: »The Anthropocene«, in: *International Geosphere-Biosphere Programme (IGBP) Newsletter*, Vol. 41, Mai 2000. http://www.igbp.net/download/18.316f18321323470177580001401/1376383088452/NL41.pdf

Crutzen, Paul J.: »Geology of Mankind«, in: *nature 415*, Nr. 23, Januar 2002. https://www.nature.com/articles/415023a

Dalberg Advisors: »Plastics: The costs to society, the environment and the economy – A Report for WWF by Dalberg«, Genf 2021. https://wwflac.awsassets.panda.org/downloads/wwf_pctsee_report_english.pdf

Dietz, Simon et al.: »Economic impacts of tipping points in the climate system«, in: *The Proceedings of the National Academy of Sciences (PNAS)*, Vol 118, No. 34, August 2021. https://www.pnas.org/doi/10.1073/pnas.2103081118#:~:text=Collectively%2C%20climate%20tipping%20points%20increase,points%20increase%20global%20economic%20risk

Flaute, Markus et al.: »Volkswirtschaftliche Folgekosten durch Klimawandel: Szenarioanalyse bis 2050. Studie im Rahmen des Projektes Kosten

durch Klimawandelfolgen in Deutschland«, *GWS Research Report*, Osnabrück, Dezember 2022. https://papers.gws-os.com/gws-researchreport22-2.pdf

Franzen, Jonathan: *Wann hören wir auf, uns etwas vorzumachen. Gestehen wir uns ein, dass wir die Klimakatastrophe nicht verhindern können*. Hamburg 2020.

Glaubrecht, Matthias: *Das Ende der Evolution. Der Mensch und die Vernichtung der Arten*, München 2019.

Götze, Susanne: »Hurrikanrisiko im Atlantik hat sich verdoppelt«, in: *spiegel.de*, April 2023. https://www.spiegel.de/wissenschaft/natur/klimawandel-hurrikan-risiko-im-atlantik-hat-sich-verdoppelt-a-cd1207f7-c70f-49d1-b03b-e7b78f796e58

Gosh, Amitav: *Die große Verblendung. Der Klimawandel als das Undenkbare*, München 2017

Greffrath, Mathias: »Die Arbeit im Anthropozän. Eine knappe Weltgeschichte der Arbeit in praktischer Absicht«, in: Deutschlandfunk, Mai 2017. https://www.deutschlandfunk.de/die-arbeit-im-anthropozaen-eine-knappe-weltgeschichte-der-102.html

Greve, Janna: »Die dunkle Seite des Rohstoffbooms. Wie der Bergbau die Menschenrechte untergräbt«, in: *Blätter für deutsche und internationale Politik*, August 2011. Online: https://www.blaetter.de/ausgabe/2011/august/die-dunkle-seite-des-rohstoff-booms

Grolle, Johann: »Bohrkern-Studie in Sibirien: Klimaforscher rechnen mit eisfreier Arktis«, in: *spiegel.de*, Mai 2013. https://www.spiegel.de/wissenschaft/natur/bohrkern-analyse-in-sibirien-forscher-rechnen-mit-eisfreier-arktis-a-898999.html

Haff, Peter: »Technology as a Geological Phenomenon«, in: *Geological Society London, Special Publications,* 395 (1), Mai 2014. https://pne.people.si.umich.edu/PDF/Haff%202013%20Technology%20as%20a%20Geological%20Phenomenon.pdf

Hauff, Volker: »Dauerhafte Entwicklung als globale Herausforderung. Anstöße der Brundtland-Kommission«, in: Vereinte Nationen, Heft 3, 1987. https://zeitschrift-vereinte-nationen.de/publications/PDFs/Zeitschrift_VN/VN_1987/Heft_3_1987/02_Beitrag_Hauff_VN_3-87.pdf

Heinrich Böll Stiftung (Hg.): »Fleischatlas 2021. Daten und Fakten über Tiere als Nahrungsmittel«, 2021. https://www.boell.de/de/de/fleischatlas-2021-jugend-klima-ernaehrung

Institut für Demoskopie Allensbach: »AWA 2022. Allensbacher Marktanalyse Werbeträgeranalyse – Codebuch – Essen und Trinken«. 2022. https://www.ifd-allensbach.de/fileadmin/AWA/AWA2022/Codebuchausschnitte/AWA2022_Essen_und_Trinken.pdf

Intergovernmental Science-Policy Platform on Biodiversity and Ecosystem Services: »Media Release: Nature's Dangerous Decline ›Unprecedented‹; Species Extinction Rates ›Accelerating‹«, Mai 2019. https://www.ipbes.net/news/Media-Release-Global-Assessment

IPCC-Sonderberichte 2019, 2021, 2023. Abrufbar auf https://www.ipcc.ch/

Kantars Global Issues Barometer: »Ukrainekrieg aktuell die größte Sorge in Deutschland und weltweit«. August 2022. https://www.kantar.com/de/inspiration/consumer/ukrainekrieg-groesste-sorge-in-deutschland-und-weltweit

Kolbert, Elizabeth: *Das sechste Sterben. Wie der Mensch Naturgeschichte schreibt,* Berlin 2015.

Kuhlicke, Christian: »Ich sehe leider nicht, dass die richtigen Lehren gezogen werden«; in: *spiegel.de* Interview von Susanne Götze, Juli 2022. https://www.spiegel.de/wissenschaft/natur/flutkatastrophe-im-ahrtal-ich-sehe-leider-nicht-dass-die-richtigen-lehren-gezogen-werden-a-d4f2c47e-8b00-4ab0-b850-a1819c584840

Latour, Bruno: *Das Parlament der Dinge. Für eine politische Ökologie,* Frankfurt a. M. 2001.

Latour, Bruno: *Das terrestrische Manifest,* Berlin 2018.

Latour, Bruno u. Schultz Nikolaj: *Zur Entstehung einer ökologischen Klasse. Ein Memorandum*, Berlin 2022

Laubichler, Manfred: »Groundcheck 2022: Global Futures –Von der Erkenntnis zur Umsetzung«, Keynote-Vortrag im Außenministerium der Bundesrepublik Deutschland, Juni 2022. https://globalclimateforum.org/2022/06/16/groundcheck-2022-keynote-at-aussenministerium-by-manfred-laubichler/

Lenton, Timothy M. u. Schellnhuber, Hans Joachim: »Tipping the Scales«, in: *nature Reports Climate*, 1, November 2007. https://www.nature.com/articles/climate.2007.65

Lenton, Timothy M. et al.: »Tipping elements in the Earth's climate system« in: *Proceedings of the National Academy of Sciences (PNAS USA)*, Vol. 105, No. 6, Februar 2008. https://www.pnas.org/doi/10.1073/pnas.0705414105

Lenton, Timothy M. et al.: »Risk of multiple interacting tipping points should encourage rapid CO_2 emission reduction«, in: *nature climate change*, 6, März 2016. https://www.nature.com/articles/nclimate2964

Lenton, Timothy M. et al.: »Climate tipping points – too risky to bet against«, in: *nature*, Vol 575, November 2019. https://www.nature.com/articles/d41586-019-03595-0

Leopoldina, Nationale Akademie der Wissenschaften: *Zukunftsreport Wissenschaft*. Erdsystemwissenschaft – Forschung für eine Erde im Wandel, Halle (Saale) 2022. https://www.leopoldina.org/fileadmin/redaktion/Publikationen/Zukunftsreport/2022_Zukunftsreport_Erdsystemwissenschaft_DE_web.pdf

Lizana, Jesus et al.: »Change in cooling degree days with global mean temperature rise increasing from 1.5 °C to 2.0 °C«; in: *nature sustainability*, Juli 2023. https://www.nature.com/articles/s41893-023-01155-z

Merz, Friedrich: »Das ist völlig inakzeptabel«. Interview von Tina Hildebrandt und Mariam Lau über Klimaschutz und die Letzte Generation; in: *Die Zeit*, April 2023. https://www.zeit.de/2023/18/friedrich-merz-letzte-generation-klimaschutz?utm_referrer=https%3A%2F%2Fwww.google.com%2F

Milne, Richard: »European ammunition maker says plant expansion hit by energy-guzzling TikTok site«, in: *Financial Times*, März 2023. https://www.ft.com/content/f85aa254-d453-4542-a50e-fa1171971ab0

Pattyn, Frank et al.: »The Greenland and Antarctic ice sheets under 1.5° C global warming«, in: *nature Climate Change*, 8, November 2018. https://www.nature.com/articles/s41558-018-0305-8

Preker, Alexander: »Sieben der zehn klimaschädlichsten Kohlekraftwerke Europas stehen in Deutschland«, in: *spiegel.de*, April 2022. https://www.spiegel.de/wirtschaft/unternehmen/ember-ranking-zu-kohlekraftwerken-7-der-10-klimaschaedlichsten-europas-in-deutschland-a-c8bb86f5-6a68-40c5-85d5-02d42bcc0fdf

Rahmstorf, Stefan: »Weniger Tempo bedeutet mehr Katastrophen«, Beitrag in: *spiegel.de*, Juni 2023. https://www.spiegel.de/wissenschaft/klimakrise-weniger-tempo-bedeutet-mehr-katastrophen-a-c4ef1dc8-35b1-47f2-8bd3-e01f16cd63b4

Rees, Martin: »Unwahrscheinlich, dass die gesamte Menschheit durch irgendein einzelnes Ereignis ausgelöscht wird«, Interview von Christoph von Eichhorn, in: *sueddeutsche.de*, Juni 2023. https://www.sueddeutsche.de/wissen/martin-rees-astronom-ki-biowaffen-klimawandel-1.5953596?reduced=true

Rignot, Eric et al.: »Widespread, rapid grounding line retreat of Pine Island, Thwaites, Smith and Kohler Glaciers in West Antarctica from 1992 to 2011«, in: *Geophysical Research Letters*, 41. Jg., Mai 2014. https://agupubs.onlinelibrary.wiley.com/doi/full/10.1002/2014GL060140

Rignot Eric et al.: »Four decades of Antarctic Ice Sheet mass balance from 1979-2017«, in: *Proceedings of the National Academy of Sciences (PNAS USA)* Vol. 116, No. 4, Januar 2019. https://www.pnas.org/doi/10.1073/pnas.1812883116

Sandal, Massimo: »Nach dem Weltuntergang«; in: *Spektrum der Wissenschaft*, Juli 2021. https://www.spektrum.de/magazin/erdgeschichte-nach-dem-welt untergang/1875796

Scambos, Ted A. et al.: »How much, how fast? A science review and outlook for research in the instability of Antarctica's Thwaites Glacier in the 21st century«, in: *Global and Planetary Change*, Vol. 153, Juni 2017. https://www.sciencedirect.com/science/article/pii/S092181811630491X

Schaible, Jonas: *Demokratie im Feuer. Warum wir die Freiheit nur bewahren, wenn wir das Klima retten – und umgekehrt*, München 2023.

Schellnhuber, Hans Joachim: »Tipping elements in the Earth System«, in: *Proceedings of the National Academy of Sciences (PNAS USA)*, Vol. 106, No. 49 Dezember 2009. https://www.pnas.org/doi/10.1073/pnas.0911106106

Sloterdijk, Peter: *Die Reue des Prometheus. Von der Gabe des Feuers zur globalen Brandstiftung*, Berlin 2023.

Spektrum Kompakt: »Massenaussterben – Reset für das Leben«; No. 38/2021.

Stern, Nicholas: »The Economics of Climate Change – The Stern Review«, Wissenschaftliches Paper der britischen Regierung, Oktober 2006 und Veröffentlichung der Cambridge University Press, Januar 2007. Online unter https://webarchive.nationalarchives.gov.uk/ukgwa/20100407172811/https:/www.hm-treasury.gov.uk/stern_review_report.htm. Vgl. auch https://www.lse.ac.uk/granthaminstitute/publication/the-economics-of-climate-change-the-stern-review/

Stern, Nicholas: »›Der größte Fall von Marktversagen, den die Welt je gesehen hat‹ – Die Klimastudie von Nicholas Stern vom 30. Oktober 2006 (Auszug)«, in: *Blätter für deutsche und internationale Politik*, Dezember 2006. https://www.blaetter.de/ausgabe/2006/dezember/der-groesste-fall-von-marktversagen-den-die-welt-je-gesehen-hat

Stocker, Thomas: »Eigentlich brauchen wir die Drohkulisse der Kipppunkte nicht wirklich«, Interview von Alexandra Endres, in: *Die Zeit*, November 2022. https://www.zeit.de/wissen/umwelt/2022-11/klimaforscher-thomas-stocker-kipppunkte-ipcc-sonderbericht/komplettansicht

Taylor, Charles: *Das Unbehagen an der Moderne*, Frankfurt a. M. 1995.

Thomas, Julia Adeney; Williams, Mark u. Zalasiewicz, Jan: *The Anthropocene: A Multidisciplinary Approach*, Cambridge 2020.

»Thwaites-Gletscher«, in: wikipedia.org. https://de.wikipedia.org/wiki/Thwaites-Gletscher#cite_note-:0-4

Vogl, Joseph: *Kapital und Ressentiment. Eine kurze Theorie der Gegenwart*, München 2021.

Wallace-Wells, Foster: *Die unbewohnbare Erde. Leben nach der Erderwärmung*, München 2019.

Weilbacher, Mike: »James Hansen, whose Senate testimony made waves in 1988, was right about climate change«, in: The Philadelphia Inquirer, Juli 2023. https://www.inquirer.com/opinion/climate-change-james-hansen-testimony-35-years-20230710.html

Wiegandt, Klaus (Hg.): *3 Grad mehr. Ein Blick in die drohende Heißzeit und wie uns die Natur helfen kann, sie zu verhindern,* München 2022.

Will, Steffen et al.: »Trajectories of the Earth System in the Anthropocene«, in: *Proceedings oft the National Academy of Sciences (PNAS USA),* Vol. 115, No. 33, August 2018. https://www.pnas.org/doi/10.1073/pnas.1810141115

Williams, Mark u. Zalasiewicz, Jan: *The Cosmic Oasis: The Remarkable Story of Earth's Biosphere,* Oxford 2022.

Wunderling, Nico et al.: »Interacting tipping elements increase risk of climate domino effects under global warming«, in: *Earth System* Dynamics, Vol. 12, Juni 2021. https://esd.copernicus.org/articles/12/601/2021/

Zalasiewicz, Jan: *The Earth after us: What Legacy Will Humans Leave in the Rocks?,* New York 2008.

Zalasiewicz, Jan et al.: »Scale and Diversity of the Physical Technosphere«, in: *Anthropocene Review 4,* No. 1, November 2016. https://www.researchgate.net/publication/311093683_Scale_and_diversity_of_the_physical_technosphere_A_geological_perspective

Žižek, Slavoj: *Der Mut der Hoffnungslosigkeit,* Berlin 2018.

ISBN: 978-3-86489-409-1
368 Seiten
Auch als E-Book erhältlich

Komplett überarbeitete und erweiterte Neuausgabe

Die Flutkatastrophe im Ahrtal 2021, das Dürrejahr 2022 mit Wasserknappheit, massiven Waldbränden und Hitzewellen – UN-Generalsekretär António Guterres sagt: »Wir sind auf dem Highway in die Klimahölle.« Doch was tun die meisten Regierungen und viele von uns privat? Wenig bis nichts, lieber erst mal abwarten! Statt Probleme anzupacken und die noch verbleibende Zeit zu nutzen, reden wir uns lieber die Welt schön. Helfen wird das niemandem, denn die Natur ist für unsere Wünsche taub, in ihr finden schlicht physikalische Prozesse statt. In diesem Buch geht es darum, diese zu verstehen und dann zu schauen, wie wir eine nachhaltigere und gerechtere Welt für unsere Kinder und Enkel schaffen können. Wo müssen wir uns verändern und wo können uns technische Lösungen helfen? Und wie können wir besser kommunizieren, um wieder zu mehr Miteinander zu kommen? Alles beginnt – wie immer – mit der Haltung im Kopf …

Drei Jahre nach Erscheinen des Platz-1-Spiegel-Bestsellers legen Sven Plöger und Andreas Schlumberger eine komplett überarbeitete und erweiterte Neuausgabe vor, mit Extrakapiteln zu den Themen Wasserstoff, Kernfusion sowie der Entfernung, Speicherung und Nutzung von Kohlenstoff aus der Atmosphäre.